景感生态学与生态基础设施

石龙宇　等／编著

JINGGAN SHENGTAIXUE YU SHENGTAI JICHU SHESHI

中国环境出版集团·北京

图书在版编目（CIP）数据

景感生态学与生态基础设施 / 石龙宇等编著 . -- 北京 ：中国环境出版集团，2023. 8
ISBN 978-7-5111-5499-6

I. ①景… II. ①石… III. ①城市环境－生态环境建设－研究－中国 IV. ① X321. 2

中国国家版本馆 CIP 数据核字（2023）第 072956 号

出 版 人 武德凯
责任编辑 侯华华
版式设计 金 山
封面设计 宋 瑞

出版发行 中国环境出版集团
（100062 北京市东城区广渠门内大街 16 号）
网 址：http：//www.cesp.com.cn
电子邮箱：bjgl@cesp.com.cn
联系电话：010-67112765（编辑管理部）
010-67112735（第一分社）
发行热线：010-67125803，010-67113405（传真）
印 刷 北京盛通印刷股份有限公司
经 销 各地新华书店
版 次 2023 年 8 月第 1 版
印 次 2023 年 8 月第 1 次印刷
开 本 787×1092 1/16
印 张 14. 5
字 数 240 千字
定 价 58. 00 元

【版权所有。未经许可，请勿翻印、转载，违者必究。】
如有缺页、破损、倒装等印装质量问题，请寄回本社更换。

中国环境出版集团郑重承诺：
中国环境出版集团合作的印刷单位、材料单位均具有中国环境标志产品认证。

编写组成员

石龙宇　周侯伯　陈丁楷

刘玲玉　杨　萌　尚晓琪

序　　言

PREAMBLE ○ ●

我很荣幸能为《景感生态学与生态基础设施》写序言。这是因为景感生态学的创始人赵景柱是我非常敬佩的科技前沿开拓者、严谨深邃的思考者和注重实践的生态学家。赵景柱研究员在可持续发展和生态文明研究领域做出了重大贡献，并在此基础上从各种古今中外的相关案例中探索出了景感生态学。作为一门新兴的生态学科，景感生态学代表了具有中国文化底蕴的原始创新。

景感生态学自 2016 年正式提出以来在短短的几年内发展成为具有独特体系的综合性学科，在理论和实践中得到越来越多的重视。景感生态学为生态系统文化服务的理论研究消除了传统学科隔离障碍，并为提升生态系统文化服务找到了实践路径，这些方面在本书中得到了体现。

景感生态学的定义以感觉（sensation）、认知（cognition）和情感（affection）为核心。这 3 个生理和心理反应决定了生态系统文化服务效果的产生。从这个角度来看，景感生态学从机理上为提升生态系统文化服务的研究指明了方向。尤其是感觉，包括视觉、听觉、嗅觉、味觉和触觉，是从景观环境中直接获取的，取决于景观的组成、结构和格局。因此，感觉是人与自然之间交互作用的通道，是连接自然和非物质人类福祉的桥梁。从景观要素得到感觉反应的时空范围可视为景感，从这个角度来看，景感生态学这一名词直接涉及人与自然和谐关系的主题。

然而，感觉、认知和情感不是生态学等自然学科的传统研究内容，而是以环境心理学为代表的社会科学的研究热点。常用的自然科学（包括生态学）文献库，如科学网（Web of Science）里的科学引文索引扩展版（Science Citation Index Expanded，SCIE），不包含环境心理学期刊，体现了自然与社会科学之间的隔离，使生态学研究常常只关注生态系统本身及其服务结果，缺乏对生态系统文化服务过程和机制的系统研究，这不利于有效提升生态系统文化服务的质量。景感生态学综合了自然与社会科学的各种概念、技术及方法，为多年来学者们一直努力而未能实现的跨学科生态系统文化服务研究建立了理论体系。

本书介绍了如何将景感生态学融入生态基础设施建设中。景感生态学的应用范围广阔，希望在未来能够看到更多系统介绍景感生态学的应用案例。正如赵景柱所说："真正的生态学知识不是从课堂里学出来的，而是在实践中干出来的。"景感生态学的目的是支持可持续发展，而景感生态学的完善将通过实践应用来逐步实现。

于美国普渡大学

2023 年 4 月 10 日

目　　录

CONTENTS

第1章 绪论

1.1 研究背景与研究意义

1.1.1 研究背景

1.1.1.1 生态文明建设是实现城市可持续发展的必要保障

从《京都议定书》到《巴黎协定》，再到在2020年联合国大会上我国做出力争于2030年前实现“碳达峰”、2060年前实现“碳中和”的承诺，所有行动无不体现我国积极应对和缓解全球气候变化问题与加快实现国家绿色可持续发展的决心。2021年3月，《中华人民共和国国民经济和社会发展第十四个五年规划和2035年远景目标纲要》强调要深入推进以人为核心的新型城镇化战略，并明确指出转变城市发展方式，统筹城市建设、生态涵养和基础设施等结构安排，科学布局城市绿廊绿道等生态工程，这对我国生态文明建设和城市发展格局提出了更高的要求。此外，具有区位优势和经济基础的粤港澳大湾区不仅是我国对外合作的重要窗口，也是“一带一路”倡议的重要支撑，更是推动国家经济发展的重要战略。2019年，中共中央、国务院印发《粤港澳大湾区发展规划纲要》对这一先行示范区的合作与发展做出指导，提出以“绿色发展，保护生态”为基本原则加强绿道建设，建设宜居宜业宜游的优质生活圈。从“五位一体”到建设“美丽中国”，党和政府对环境保护与生态文明建设的高度重视逐渐凸显了新时代人居环境改善与生态修复提升的重要性。

1.1.1.2 生态安全是夯实生态文明建设成果的关键基础

生态安全着眼于生态系统的良性循环和环境风险的有效防控，是改善生态环境质量的重要核心。生态安全建设以生态安全格局优化为重要基础，以生态安全格局建设为协调生态系统保护和经济发展的重要国家战略之一，并被确定为重点区域保护的底线。与此同时，人类持续不断的经济活动引发了一系列空间不协调的问题，日益影响沿海地区的可持续发展。生态安全格局为区域保护生态安全和管理生态系统提供了一种有效的综合空间调节方案，通过运用景观生态学的方法可有效维护区域生态安全、保证生态系统功能完整、健康。可见，加强生态安全格局建设，不仅是提升城市生态资源优势与发展潜力的实践需要，也是促进区域全面协调发展、保障城市生态安全的迫切需要。

1.1.1.3 生态基础设施规划与建设是构建生态安全格局的新路径

人类社会的生存和发展离不开生态系统提供的产品和服务。近年来，随着城市的扩张，城市生态基础设施的结构和服务功能发生了明显改变，各尺度区域生态基础设施配置不足，缺乏全面系统的考虑，使城市热岛效应、洪涝灾害、水体富营养化等生态问题日益严峻。生态基础设施作为保护环境和塑造城市形态的新途径，早在20世纪末就在发达国家中广为流行，各国开始倡导和推广生态基础设施在改善生态、保护环境和经济健康发展等方面的多重效益。完善的生态基础设施规划通过增加、改善生态系统服务来发挥优化生态安全格局的作用，是保障区域生态安全的新途径。此外，为切实保障区域生态安全，要求不同研究尺度应具有针对性和适宜性。然而，已有的生态基础设施规划方法主要在单一尺度进行，不能体现生态系统服务在不同尺度间的相互影响，缺乏多尺度的综合研究，而人地关系的协调更重要的是一种空间关系和格局的协调，需要综合多尺度分析。开展多尺度生态基础设施规划综合研究，对不同空间的生态基础设施网络体系有机整合、提高城市生态服务功能与推动人居环境社会公平和可持续发展意义重大。

1.1.1.4 景感生态学是指导生态规划的新方法

景感生态学（landsenses ecology）是由我国著名生态学家赵景柱提出的。与景观生态学相比，景感生态学更强调开展生态景观格局与过程研究中人的作用，特别是人对景观的认知与人在景观改造过程中体现出的重要地位，本质上也体现了以人为本的核心思想。传统城市规划与生态建设通常仅考虑物理感知影响，对心理感知影响考虑较少，两者结合的研究通常也较少，景感生态学用于指导生态基础设施建设，有助于将人的感知影响融入其中。作为一门研究土地利用规划、建设与管理的科学，景感生态学还比较年轻，虽然其理论框架与技术方法还需要不断实践与完善，但因其具有强烈的人文特征与应用价值，受到了国内外学者的关注，在国内也有所应用。从整体上看，景感生态学还缺少较为完整、典型的规划研究案例，基于这一理论对粤港澳大湾区进行生态规划应用研究，既符合以人为本的内在发展目标，也有益于城市在趋善化管理的过程中实现高效的生态规划与管理，最终服务于生态文明建设，保障城市可持续发展。

1.1.2 研究意义

基于上述背景与需求，本书将以粤港澳大湾区为例，开展理论探索、生态规划、效益评估等相关研究，具有一定的理论意义与实践意义。

1.1.2.1 理论意义

（1）丰富景感生态学的理论体系

景感生态学作为指导生态规划的新理论、新方法，还鲜有完整的应用案例。本书有助于丰富景感生态学理论的发展，同时也能对生态基础设施效益评估方法体系进行一定的补充。生态系统服务价值量评估主要用于生态系统受损或生态补偿的价值评估，而动态的物质量评估用于反映生态系统服务能力的变化态势和实际状况。景感生态学是联系生态系统服务和可持续发展的桥梁，基于这一理论，从使用者的角度对不同时空下的生态基础设施载体开展效益评价，是生态基础设施效益评估的新思路，也将丰富景感生态学理论在生态基础设施效益评价领域的应用。

（2）完善生态基础设施的规划理论

生态基础设施规划可以通过改善生态系统服务来优化生态安全格局。加强城市生态基础设施研究，对提升生态服务功能、促进可持续发展意义重大。传统的生态基础设施规划多强调生态核心区、生态廊道的识别与优化，往往忽略了整个生态系统网络的空间差异和协调。本书提出了多尺度生态基础设施规划理论框架，以不同尺度区域生态安全基底特征及生态服务需求差异为基础，以宏观—中观—微观尺度改善生态安全、提升居民福祉为主要目标，通过多尺度生态廊道多功能综合体衔接，整合多尺度生态基础设施规划结果，以期为提高城市生态服务功能与推动可持续发展提供全新视角和技术支撑。

（3）深化生态基础设施规划效益评估研究

生态基础设施规划依靠的是一系列生态基础设施建设技术。国内生态基础设施规划和建设研究，关注更多的是工程性能而未能考虑公众参与在生态基础设施建设中的重要作用。研究尺度也多以城市层级为主，一定程度上限制了生态基础设施建设的研究内容。生态基础设施是城市公共景观中越来越重要的一部分，已然成为居民生活中的重要组成部分。加强公众对基础设施建设的参与和支持，对提升人居环境质量与满意度意义巨大。本书同时顾及主观与客观评估方法，从生态基础设施空间布局和居民需求与满意视角出发，探讨城市内部生态基础设施空间配置的分异，结合使用者的景感满意度评估结果，有利于平衡城镇地区生态环境保护和发展，为当地人类福祉提供多种重要的生态基础设施。同时，这种新方法也可为今后其他地区生态基础设施建设提供新的思路。

1.1.2.2 实践意义

（1）开展案例研究能够为粤港澳大湾区生态基础设施规划提供技术支撑

本书通过对粤港澳大湾区不同尺度生态基底特征以及生态系统服务目标的综合分析，构建粤港澳大湾区多尺度生态基础设施构建框架，能够有效识别当前粤港澳大湾区不同尺度生态基础设施的关键内容，在宏观尺度凝练为核心区和廊道的生态基础设施构建框架，中观尺度将生态基础设施作为构建城市生态网络的途径，微观尺度利用生态化的人工基础设施来提供城市和居民所需要的产品和服务。研究可对明晰未来粤港澳大湾区生态基础设施构建的重点方向，促进粤港澳大湾区城市可持续发展提供良好的技术支撑。

（2）推进城市生态基础设施建设有助于改善人居环境和居民生活品质

城市化进程的不断加快，不透水区域面积快速增加和滞后的排水系统极大地影响着区域水文、生态和社会等人居环境。本书通过探究典型案例区生态环境现状，结合居民满意度调查数据，深入解析居民生态基础设施满意度特征，为生态基础设施配置的空间分异，改善社会生态空间不公平，改善居民生活品质提供有效的科学支撑。

1.2 相关研究进展

1.2.1 景感生态学研究进展

目前，景感生态学作为一门独立的学科还非常年轻，相关理论和技术方法亟待完善，但是由于其具有鲜明的人文特征和应用导向，已经在国际生态规划和自然历史景观保护等方面受到关注，并且在国内得到了快速发展和传播，目前已经有部分生态规划项目开始应用和实践探索。

1.2.1.1 理论渊源

景感生态学是受中国传统规划与建筑思想的启发，并通过与现代生态学尤其是景观生态学理论研究和实践应用相结合而逐渐形成的。我国古代的城市规划和建筑在某种程度上已经有了景感生态学的萌芽，例如，我国古代城市规划中对自然要素（“风水”）和局部建筑要素（如亭、台、楼、阁）的空间布局非常重视。实际上，在我国古代的城市规划和建筑设计中一直有将自然要素与文化艺术相结合的传统，助推人们适应自然和/或改善所处的自然环境，同时警示并培养人们形成共同的行为规范，达到天地人合一或“人、建筑、自然”合一的朴素的可持续发展目标。而在当代，作为一种以人为本的景观生态学研究新范式，景感生态学的目标是通过推动以生态学为基础的生态景观的规划、建设和管理实践实现人与环境的协调和持续发展，具有强烈的实践应用导向。景感生态学思想的另一主要来源是服务于土地利用规划与建设的景观生态学相关理论，除了理解和研究生态系统自身的组成、结构与功能，人为影响下的土地利用规划与建设，包括耕地、林地和城市建设等越来越需要景观生态学理论和相关方法的指导，从而在实践中实现自然与人类发展的和谐共处。与景观生态学产生自对自然的观测和研究不同，景感生态学从提出伊始就充满了人文精神和艺术色彩，景感生态学与我国目前提倡的生态文明建设目标是一致的，或者说前者是实现后者的一项重要工具。赵景柱认为，生态文明是指能够保持和改善生态系统服务，并能够为民众提供可持续福利的文明形态；而景感生态学可以将民众的健康 / 福利与镶嵌于不同尺度空间的生态系统景观相结合。这种基于人的健康 / 福祉需求的景观研究视角，与著名景观生态学家邬建国提出的景观可持续性科学（landscape sustainability science）不谋而合，景观可持续性科学要求在研究景观动态过程中充分考虑生态系统服务和人类福祉。

1.2.1.2 基于景感生态学的生态环境保障系统方案

景感生态学可以把人类福祉与生态系统服务及可持续发展紧密联系起来，进而为开发建设活动提供生态环境保障系统方案。赵景柱等基于景感生态学，提出了城市生态基础设施建设、生态系统修复、环境协同治理、资源循环利用“四位一体”的景感生态保障系统方案：①在生态基础设施核心区和廊道辨识的基础上，分析城市生态建设过程中的薄弱环节；②采用近自然的方法，从生态系统整体的角度开展生态修复；③统筹考虑水、土、气、声、风等各种环境要素，实现环境协同治理；④针对开放性的城市复合生态系统，开发资源循环利用技术，实现废弃物减量化和无害化。

景感生态保障系统方案在雄安新区、粤港澳大湾区等国家重要示范区开展了应用示范。粤港澳大湾区生态保障系统方案以城市可持续发展为目标，强调不同时空尺度的耦合，遵循时空组合的多尺度性、不同文化间的差异性等原则，整合了宏观—中观—微观尺度生态基础设施体系的构建，基于 GIS 空间分析技术，分别以粤港澳大湾区、惠州市、木沥河流域为研究对象，构建了不同尺度的“生态核心区—生态廊道”基础设施体系。景感生态规划技术在雄安新区生态基础设施的规划、设计、建设、管理等方面均发挥了指导作用。在规划过程中，在大清河流域、雄安新区全域、雄安新区起步区三个尺度下，辨识并分析生态环境脆弱问题及薄弱环节，制定近期、中期、远期规划目标，以可持续发展的眼光规划城市生态基础设施建设大方向；在设计过程中，紧扣规划目标，在保持、改善和增加生态系统服务的同时，将可持续发展理念进一步细化并融入适当载体，拉近民众与可持续发展理念的距离；通过生态基础设施的建设将愿景具象化，切实改善人居环境，并发挥教育、引导作用，增强民众可持续发展意识，使人们在享用生态系统服务的同时，自觉地共同行动，推进生态系统服务的保持、改善和增加，确保可持续发展目标的实现。

1.2.1.3 景感生态规划与设计

景感生态规划是指以景感生态学为主要理论基础，将生态措施作为修复与建设的主要途径，综合考虑当地自然条件和人们的生活、生产和文化等内容，促进和保障区域可持续发展的规划，简称景感规划。

景感生态规划是景感生态学最早发展的分支。2016 年出版的 SCI 专辑《景感生态学与面向可持续发展的生态规划》（*Landsenses ecology and ecological planning toward sustainable development*），不仅在国际上首次提出了景感生态学和景感生态规划的概念，也形成了较为完善的景感规划框架，提出了景感规划的基本原则，强调规划人员需要充分了解人类的感官反应（包括美感、听觉、品味、嗅觉、触觉、风、方向和心理反应 8 种类型），认为从人类感官信息中获取的各种数据在规划生态与可持续城市方面具有巨大的潜力。部分学者分别从景观格局优化、微气候空间规划、水环境规划、湿地恢复、河岸带生态修复与护岸建设、声景规划、废弃物处置、生态系统服务提升和环境物联网设计等方面，在京杭大运河香河段开展了一系列基于景感规划框架的专项规划工作。

石龙宇等以北京市城市副中心通州区西集镇为研究对象，提出了城乡交错带景感生态规划的基本思路，强调将生态信息融入城市规划过程的重要性，认为景感生态学方法有助于生态规划师理解居民的感受、想法和意见。将感知数据融入规划过程，既不会降低设计的艺术性，也不会影响企业的经济效益。Zheng 等基于景感规划框架和环境物联网技术，开展崇明岛景感生态工业园规划与设计研究，涉及光伏发电、淡水养殖、观光农业等内容，为传统工业园区的生态资产和产业整合提供增值服务，为其他工业园区提供产业规划和景感营造的理论和技术示范，也为生态产业化、产业生态化和景感特色化创建了示范园。

1.2.1.4 其他主要方向

在文化维度方面，Zhao J 等指出景感生态学或景感学强调将人的物理感知、心理认知和可持续发展概念整合到区域生态环境研究和规划建设管理中，这是对我国古代朴素的生态思想与可持续发展意识的继承和发展。我国古代有关山水的诗、书、画一般呈现的是古人的故土环境，人与自然的关系是其中极其重要的一环，古人对山河的审美创造，展现了创作者对生态系统和朴素生态概念的感知。景感生态学反映了一种愿景，即当代人可以在高度城市化的空间中获得理想的生活环境并实现可持续发展。在我国传统艺术形式和建筑思想的启发下，景观规划师能够将人的身体感官、心理感知和可持续发展理念融入区域生态环境研究和规划建设管理中，从而突破特定空间尺度的局限性，在有限的规划空间内展示生态系统元素的相对尺度和方向，展现生态系统的完整性。

在视觉维度方面，Shao J 等研究了土地利用规划中视觉感知的最优空间尺度，将人眼的双眼视角和距离与手机摄像头的视场相结合，以确定最佳的视觉感受，总结并提出了基于光学理论和可视化技术的最佳视觉感知概念，最终为土地利用规划者、建筑师和可持续发展研究者提供了一些最佳视觉感知方面的建议。Xu 等研究了居民景观偏好的影响因素。研究结果表明，人对城市化的景观偏好比自然景观更高。人们居住地区的城市化水平越高，对自然景观的喜爱度越高。此外，人口越年轻，对自然景观的偏好越明显。

在听觉维度方面，Dong J H 等从声景设计的角度出发，基于环境物联网（Environmental Internet of Things，EIoT）的噪声监测数据，分析了京杭大运河香河段的声环境类型和特征，并提出了一种交通噪声控制模型，以改善敏感区域的声环境。

在触觉维度方面，福建省平潭综合实验区的风环境舒适感及其生态效应研究，针对高密度住宅区面临的局地大风及其引起的细沙漫城、海滩利用率低等问题提出了系统化解决方案，有效防止了风沙对沿海防护林带的吞噬。

1.2.2 生态基础设施的研究进展

1.2.2.1 生态基础设施的基本概念

1984 年，联合国教科文组织在"人与生物圈计划"（MAB）报告中首次提出生态基础设施（EI）的概念，并将其作为生态城市规划的五项原则（生态保护战略、EI、居民生活标准、文化历史的保护、将自然引入城市）之一，强调自然景观与腹地对城市的持久支持能力。从生物和环境资源保护与利用的角度出发，1988 年 Mander 等和 Selm 等使用 EI 的概念来表示栖息地网络的设计结构与功能；1990 年荷兰农业、自然管理和渔业部（LNV）的自然政策规划（Nature Policy Plan）也提出了全国尺度的 EI 概念。

然而，学术界至今尚未形成对 EI 概念的统一界定，不同国家和地区根据其政策需求，对 EI 使用了不同的概念解释。例如，从国土空间生态安全格局出发，2001 年，俞孔坚等将 EI 的本质概括为：城市所依赖的一切能为城市及其居民提供自然服务的自然系统，为城市及其居民持续获得自然生态服务的保障与基础，不仅包括传统的城市绿地系统的概念，更包含一切能提供空气、食物、体育、休闲娱乐、安全庇护、审美和教育等在内的自然服务的城市绿地系统、林业及农业系统、自然保护地系统。从城市生态学视角出发，李峰等和 Doko 等将灰色基础设施的概念融入 EI 的内涵，将其拓展为"为人类生产与生活提供宝贵价值服务的自然与人工的基础设施"，是由蓝色（waterbased）、绿色（vegetated）和灰色（non-living）基础设施在生态系统尺度上相互连接组成的结构要素网络，即 EI 是城市可持续发展的重要基础，也是建设生态城市的重要保证。在李峰定义的基础上，Chiders 等进一步将 EI 划分为蓝、绿、青、棕四类基础设施，其中棕色基础设施表示为城市提供生态服务的土地，并从工程和生态系统功能视角出发，将 EI 简化为城市所有的生态结构和生态功能。韩林桅等在总结前人研究的基础上，从生态系统服务的角度出发，将 EI 总结为保持、改善和增加生态系统服务的条件和过程。但追其本源，EI 的本质都是支撑及提供区域生态系统服务的基于自然的要素（或生态系统）。

1.2.2.2 EI 的发展阶段

EI 的发展是多学科交叉融合推进的结果。自 1984 年被联合国教科文组织首次提出至今，EI 经历了 3 个主要发展阶段（表 1-1）。

表 1-1 EI 的发展历程

时间	发展历程	研究重点	主要目标	方法
1960—1983 年	启蒙阶段	斑块 / 生态核心区、生态廊道、生态网络等的概念及技术	生物保护	生态学、生态规划、景观生态学等
1984—2001 年	早期发展阶段	EI 概念的发展、EI 生态网络构建等	生物和生态系统保护	生态学、生态规划、景观生态学等
2002 年至今	快速发展阶段	生态网络构建、措施设计与搭配、效益评估、监测、管理等	生态系统保护、生态环境修复、雨洪调节、历史文物保护、人居环境提升等	生态学、景观生态学、城市规划、生态工程、水文、环境工程等

（1）启蒙阶段

EI 启蒙于 1960 年后发起的生态保护运动。随着人们对生态环境保护意识的不断增强，如何开展生态环境保护、如何修复破碎生态斑块、如何合理开展土地保护成为生态学、生态规划、景观生态学等学科的研究难题。在此背景下，以生物保护和生态系统保护为核心的生态廊道、生态网络、生境网络、景观安全格局等一系列概念陆续产生，为后续 EI 建设提供了理论和技术基础。

（2）早期发展阶段

1984 年联合国教科文组织首次提出 EI，并将其描述为“城市空间组织框架的自然景观和区域”，标志着 EI 早期发展阶段的正式开始。为实现区域生物及生态系统保护，各国学者及政府陆续将 EI 的概念运用于实践。例如，1988 年 Mander 等和 Selm 等从生物和环境资源保护与利用的角度出发，将 EI 的概念用来表示栖息地网络的设计结构与功能；1990 年荷兰在自然政策规划中提出了全国尺度的 EI 概念；1995 年 Ahern 在探索绿道内涵的研究中，将绿道与 EI 的内涵进行了联系，并认为绿道为区域提供了一种 EI，是一种保障区域生物多样性，实现区域动态自然过程的可持续发展战略。在这一阶段，EI 被认为是城市所依赖的自然系统，旨在通过生态网络的修复与建设，减小由栖息地丧失和破碎化所导致的物种灭绝和生态系统破坏。

（3）快速发展阶段

2002 年，俞孔坚将生态基础设施引入中国，并将其应用于城市规划中，标志着 EI 进入了快速发展阶段。中国“反规划”概念的提出、生态红线的划定、“海绵城市”的推行，新加坡“ABC”水计划的成功实施，美国费城“Green City Clean City”的开展等都标志着 EI 在内涵、空间尺度、技术方法及运用和研究领域的突破。至此，EI 的内涵不断与绿色基础设施（Green Infrastructure，GI）、低影响开发（Low Impact Development，LID）融合，成为包括自然和半自然系统的城市可持续发展基础设施，提供着支撑区域社会经济生态可持续发展的生态系统服务。实现区域人居环境质量提升，促进区域可持续发展，成为该阶段 EI 的建设目标。

1.2.2.3 国外生态基础设施的演变过程

（1）生态基础设施概念影响景观规划

1858 年，沃姆斯特德与瓦克斯提出的“绿草坪”设计被认为是美国纽约中央公园绿色空间规划的最佳方案，其设计体现了人们开始注意到除了在感官上需要得到美的享受外，还需注重植物配景以保留其原有的自然风格，并对公园内外的交通问题予以关注。此后，瓦克斯紧接着又设计了纽约布鲁克林展望公园（Prospect Park），其中由城市汽车大道改造的绿道将其与纽约中央公园联系起来。1873 年，海洋公园大道作为纽带将展望公园与科尼岛联系起来，至此连通了纽约市的绿地。这一系列举措改善了纽约的城市公共环境，被认为是生态基础设施应用的雏形。同时，欧洲开始将生态基础设施应用于生物多样性保护。生态系统管理思想也开始出现，认为生态系统的管理需充分体现其整体性与动态性，应优先考虑存在的问题与预期目标。

（2）生态基础设施深入城市规划领域

20 世纪末，发达国家的许多城市开始倡导和推广生态基础设施在改善水质和公共卫生、保护环境和促进经济发展等方面的多重效益，并将生态基础设施作为保护环境和塑造城市形态的新途径。例如，Mander 等和 Selm 从生物保护的角度确定了栖息地网络设计，强调核心区、廊道等部分作为生态网络（Ecological Network）在提供生物栖息地和生产资源方面的作用；1990年，荷兰农业、自然管理和渔业部发布的自然政策规划中提出了全国尺度生态基础设施相关概念。1915—1916年，美国景观规划师曼宁（Manning W.H.）以资源综合保护与利用为目的开展国土规划的制订，提出了基于自然资源和自然系统的土地分类思想。21世纪初，生态基础设施已经成为一个流行的概念，用于指导可持续的土地利用规划。例如，美国马里兰自然资源部开发的马里兰绿色基础设施评估工具被大范围推广应用：在多州尺度上，绿色基础设施在切萨皮克湾项目中被用于设置景观生态优先级的框架；在区域范围内，该方法被用于对州土地保护计划的重点区域进行排名；在当地政府的规划背景下，该方法现在正被转化为当地相关的标准，以支持县级绿色基础设施计划。在英国，政府于2000年发布的一份白皮书提出绿色基础设施在英国城市复兴中具有关键性作用，希望通过一系列城市更新计划来创造更好的生活、工作和娱乐场所。Mell于2008年开展了对2000年英国政府实施的城市复兴计划是否能促进城市可持续发展的定性评估，最后从社会、经济、环境3个方面得出在城市环境中规划绿色基础设施可促进人地协调、生态可持续性和经济恢复、调节气候的结论，并认为从长远来看绿色基础设施将为城市的持续发展提供基础。

城市生态基础设施在调节局地小气候、改善环境质量，改善公众健康方面的环境效益已得到充分证明，但它们往往不明确、无法量化，甚至有学者呼吁不要大规模实施看似简单的生态补救措施，因为没有证据表明这些措施能否在长期内产生预期效果。

（3）生态基础设施规划与生态系统服务

随着研究的深入，生态系统服务逐渐引起了城市规划者、景观学家等的重视。生态系统服务与生态基础设施规划的有效结合主要体现在：①为规划指标的制定提供量化依据。20世纪10年代，多学科生态基础设施效益量化研究开始涌现，城市景观设计、景观生态学、生态系统管理与生态学、生态经济学、生态工程学等多方面的研究都对其进行了探讨。量化城市生态基础设施中的生物地球化学过程可以提高人们对城市生态系统服务和由规划设计的城市生态基础设施产生的不利影响的理解。Spatari等对低影响开发在城市水资源管理中的生态效益进行了量化研究，使用生命周期评估和随机城市流域模型对纽约市某社区实施LID战略，最终得出每年可节省能源7.3 GJ并减少排放0.4 t温室气体的研究结论；除了生态基础设施带来的生态效益外，其经济效益也引起了研究者的关注。Vandermeulen 等提出了一个基于成本效益分析和乘数分析的模型，将生态基础设施投资的价值转换成经济术语，用直接价值、间接价值和使用价值的投资评估项目的现场规模和区域规模，以估算生态基础设施项目的经济价值。生态基础设施的环境效益、经济效益的量化研究，可直观地让公众和其他利益相关者理解这种生态投资的有用性。Flynn 和 Traver 针对前期生态基础设施建设的停用现象，基于生命周期评估方法对生态基础设施雨水控制措施的环境、经济和社会绩效进行定量评估，为雨水花园所需介质的现场回用提供了案例支持。②为空间形态设计策略提供科学支撑。越来越多的观点反映了以人类为中心的生态系统服务管理以及城市生态基础设施规划对自然资源管理的重要性和复杂性。

（4）可持续的生态基础设施规划

基于应对气候变化、提升城市韧性需要开发相关的技术和方法来制订更有效和更可持续的城市生态规划。近年来，有研究建议将生态基础设施作为实现环境改善和可持续发展的一种方式，也有研究将加强生态基础设施规划与建设作为城市适应气候变化的一种方式。与此同时，多尺度生态基础设施研究逐渐彰显其优越性。Demuzere 等研究认为跨尺度的城市生态基础设施的潜力是非常大的，并在 3 个空间尺度（城市尺度、社区尺度和特定场地尺度）上建立了一个生态系统服务框架，使提供生物物理利益（如二氧化碳封存）以及社会和心理利益（如改善健康）的证据系统化，从而能够适应或降低气候变化引起的不利影响。为规划未来的生态基础设施提供一种包容的、可复制的、能最大限度提高社会和生态弹性的方法，生态系统服务优先级这种评价方法被引入生态空间规划，用于评估特定景观的竞争和互补。此外，研究发现当广大民众理解生态基础设施带来的生态或经济效益且参与基础设施建设活动时，不仅会推动多功能生态基础设施的建设，激发民众的创造力和赋予地方权力，从长远来看，还可能使民众从生态系统服务中受益。Hansen 和 Pauleit 基于供需平衡将生态系统服务研究与生态基础设施规划有机结合，从社会生态角度提出了多功能性的概念框架，将多功能性作为生态基础设施的规划原则，这有助于评估生态基础设施网络的完整性。然而，在不同的社会和气候背景下，城市生态基础设施服务背后存在着复杂的利益相关者。当涉及许多不同的利益相关者时，规划多个功能可能是困难的，民众的参与可以有效地化解这个难题。

1.2.2.4 国内生态基础设施规划的发展

我国生态基础设施研究起步较晚，总体上发展迅速。近年来我国生态基础设施研究数量持续增多，刘海龙等、杜士强等、李锋等先后对国外生态基础设施研究工作做了梳理与展望，研究偏向综述国外生态基础设施概念与理论的发展；部分研究集中于探讨生态基础设施规划与评价方法等方面。例如，Li 等基于景观生态安全格局理论，结合遥感（Remote Sensing，RS）和地理信息系统（Geographic Information System，GIS）技术，从地形条件、洪涝灾害、水土流失、植被覆盖、地质灾害、生态环境共 6 个方面，分析了南充市的生态安全情况，提出了空间格局优化建议；于亚平等从中观尺度提出了基于形态学的空间格局分析和景观连通性分析方法，结合 ArcGIS 等平台对 2013 年南京市绿色基础设施进行了网络格局变化的尺度、边缘与距离效应的评价，得出该方法可对中尺度区域城市绿色基础设施景观网络分析参数设置提供重要依据的结论；程迎轩等从县域尺度开展研究，基于景观安全格局构建理论，采用 ArcGIS 空间分析结合多因素综合评价和最小累积阻力模型方法优化佛山市高明区生态用地等。另外，杨冬冬等认为城市暴雨径流污染和面源污染已成为当今世界重要的污染问题，而建立绿色基础设施以减少雨水径流是减轻城市负面影响的有效途径，因此海绵城市、低影响开发、雨洪管理已成为国内生态基础设施研究中的热点。

1.2.3 小结

总体来说，目前普遍缺乏有关城市规划与城市生态建设中物理感知和心理感知的综合研究，能用于定量评估基础生态设施效益的方法较少。景感生态学的产生一方面得益于生态学的发展和我国传统文化的积淀，另一方面也源于城市可持续发展实践的需求。景感生态学自 2016 年被提出至今，已形成了较为明晰的概念、学科框架和核心思想，研究方法已初具雏形，学者们也在研究和实践方面进行了有益的探索。

景感生态规划当前关注的重点是基于景感表征指标来实现对人们满意度的度量。从景感表征维度来看，有关声环境的研究历史较长，因此对听觉维度的研究较为成熟；

与风环境舒适度以及温湿度舒适度有关的研究是触觉维度研究的主要切入点；心理认知方面的研究较薄弱，从古人创作的山水诗、书、画中获得启发并应用于当代景观规划，是一项开拓性的尝试。此外，将景感生态保障系统方案用于指导国家重要示范区建设是景感生态的重要实践，可有效降低区域生态风险。

1.3 主要研究内容

基于目前生态规划研究中的不足，本书设计了 3 个主要研究内容，关注从物理的生态环境现状以及居民心理的满意度两个方面对生态基础设施规划方案进行建设效益评估。

（1）景感生态学与生态基础设施概念辨析

此部分主要在第 2 章、第 3 章进行论述，涉及景感生态学的方法体系、研究展望、发展规划等，同时也对生态基础设施类型进行了归纳，讨论了生态基础设施与其他相关概念的区别与联系。

（2）生态基础设施建设效益评估方法介绍

此部分主要在第 4 章进行论述，本书在生态基础设施设计与规划的基础上，构建了客观与主观相结合的建设效益评价方法，对多尺度生态基础设施规划的建设效益以及人们的景感满意度进行评估，实现了建设效益的综合评估。

本书中的生态基础设施网络规划方法与技术框架研究重点围绕多尺度生态基础设施规划、生态基础设施网络基本要素的识别方法优化等内容开展，兼顾自然、社会、经济与景观结构，基于驱动力—压力—状态—影响—响应（Driving-Pressure-State-Impact-Responses，DPSIR）模型、景观连通性指数构建生态核心区识别与优化方法；在改进、完善生态廊道识别方法的基础上，综合最小累积阻力模型、水文分析、电路理论，引入重力模型构建生态源地重要性矩阵，提取生态廊道、关键生态节点与关键生态修复区。本书结合生态要素的空间形态与结构，从宏观、中观、微观 3 个尺度开展生态基础设施规划研究，建立多尺度生态基础设施规划网络，其中，宏观尺度规划注重尊重自然，优先保护，识别与连通该尺度空间范围内的大型自然生态基础设施，以充分挖掘自然生态系统服务潜能；中观尺度侧重自然与人文环境的和谐统一，着力打造自然—社会生态基础设施网络，强调宏观—中观自然生态基础设施与半自然生态基础设施有机整合，增强城市韧性；微观尺度重点考虑半自然生态基础设施的建设与应用，如增设雨水花园、生物滞留池、植草沟等。

客观效益评价是基于多尺度 EI 规划建设实现的。多尺度是 EI 的空间特点，决定了不同尺度下 EI 的核心功能服务。为提升效益评估方法体系的客观性、简约性和有效性，本书拟从不同尺度 EI 建设的核心目标和组成形态出发，梳理不同尺度 EI 建设对城市复合生态系统的功能服务（其中，建设目标下的功能服务优先衡量），辨析不同空间尺度下 EI 建设的核心效益评估指标，形成多尺度 EI 建设效益评估指标体系；同时基于文献荟萃法、评估数据可得性、方法可行性原则，梳理不同效益评价指标的定量计算方法与途径，最终形成具有多尺度特点的 EI 建设效益评估方法体系。

主观评价方法则是在梳理国内外景感生态学、景观环境感知、满意度、马斯洛需求层次理论等理论研究的前提下，基于前人的研究提出景感满意度的定义，对生态基础设施的发展、效益类型和效益评价方法进行总结，从使用者感知角度出发设计生态基础设施景感满意度评价模型。本书根据各潜变量的定义、模型要求和生态基础设施效益，选取合适的观测变量构建评价指标库。本书在对研究区生态环境状况分析、工程设计和建设情况分析的基础上，基于景感生态学理论、景感满意度和生态基础设施效益评价等，构建了包括生态基础设施的景感满意度影响因素分析、支付意愿分析、效益优先级管理 3 个模块的生态基础设施工程效益评价模型。本书还基于构建的工程效益评价模型设计调查问卷，搜集数据，在工程建设前后各开展一次问卷调研，进而开展效益分析。

（3）案例研究

此部分主要在第 5 章进行论述。本书主要以粤港澳大湾区木沥河流域为研究对象，在完成多尺度生态基础设施规划设计的基础上，分别进行了客观与主观建设效益分析，并将评估结果进行分析与展示。

此外，本书基于所构建的 EI 建设效益评估方法体系，开展了“城市群——宏观尺度”“惠州市——中观尺度”“示范区场地——微观尺度”的多尺度EI建设效益价值量评估，进一步验证了本书所构建的主观效益评价方法的可操作性和简便性。

1.4 技术路线与研究方法

根据主要研究内容，进行研究方法选择与技术路线设计（图1-1），具体如下。

（1）构建多尺度生态基础设施规划方法

①探析国内外与生态基础设施规划建设相关的理论与方法，识别研究空白并归纳总结理论框架，基于DPSIR模型兼顾生态、社会、经济等多视角建立标准化的生态基础设施规划方法体系。

②明确粤港澳大湾区不同尺度的生态建设目标，构建城市多尺度生态基础设施规划方法体系，建立生态基础设施网络体系基本要素（生态核心区、生态廊道、生态节点与关键生态修复区）识别方法，完善并设计多尺度生态基础设施网络。

（2）构建基于物理感知的建设效益客观评估方法

①基于文献荟萃法梳理EI概念及其内涵的发展过程，提炼可持续发展背景下EI的概念、组成成分及内涵，并以EI系统为整体，基于城市描述性框架，分析EI与城市结构系统、社会系统以及相互作用系统间的关系，以明确EI对城市复合生态系统的功能与效益，确定EI效益评价指标库。

②基于EI的多尺度特性和空间尺度核心功能服务差异性，辨析不同尺度下EI建设效益优先级，同时结合文献荟萃法，确定EI各效益模块评价指标的定量评估方法与路径，构建多尺度EI综合效益评估方法体系。

（3）构建顾及心理感知的建设效益主观评估方法

①根据理论基础构建生态基础设施景感满意度评估模型和指标库，结合粤港澳大湾区木沥河生态基础设施工程背景，选取物理感知、审美认知、心理认知3个潜变量和景感满意度构建结构方程模型，开展生态基础设施景感满意度影响因素分析。

②选取景感满意度，使用者年龄、学历、月收入、研究区散步频率等自变量与因

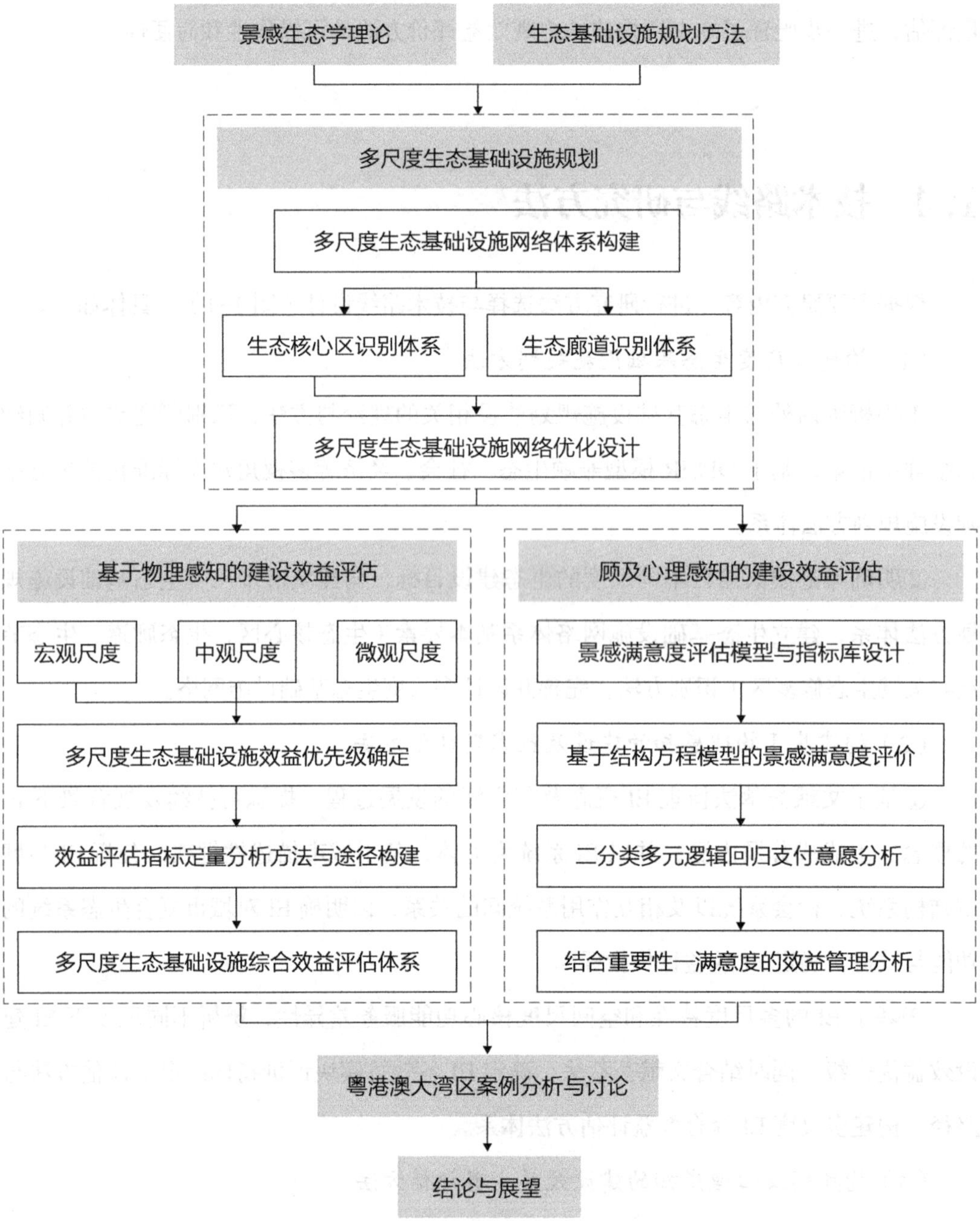

图 1-1　研究方法与技术路线

变量（支付意愿）构建二分类多元罗吉斯蒂克（logistic）模型，分析探究景感满意度和使用者个人社会经济特征对使用者支付意愿的影响。

③构建使用者对改善生态环境、休闲娱乐、视觉美观、身心放松、教育意义和其他共6个效益的重要性认知和满意度评价，绘制重要性—满意度分析（Importance-Performance Analysis，IPA）二维坐标图，最终形成工程效益评价方法体系。

（4）案例分析与讨论

①以粤港澳大湾区为研究对象分别开展宏观城市群尺度、中观城市尺度、微观场地尺度的EI建设效益案例分析，测试评估方法的可操作性。

②通过实地调查与问卷调研搜集数据，基于居民景感满意度分析木沥河工程效益。

③对研究结果进行总结与讨论。

第2章

● ○

景感生态学概念与内涵

2.1 景感生态学方法体系

在现代科学的所有学科中，生态学尤其适合承担桥梁的作用，连接科学与艺术、自然与人文，以可持续发展为目标，将研究人与环境、社会与生态系统的相关学科领域的信息进行集成与综合，为人类更好地发展提供科学依据。伴随着物联网和人工智能技术的发展及其与人类活动的广泛融合，一些新兴学科和交叉学科快速发展，同时也出现了很多新的思想和新的需求。这样的时代背景迫切要求我们从人类未来的文明形态、发展方向和福祉的高度对可持续发展、生态系统服务等概念及其内涵进行进一步的思考、梳理和分析，以促进生态系统服务和可持续发展等的系统和深入研究，保障人类社会的可持续发展。

土地或者空间是承载人类及自然界一切生命活动的基本载体，随着人类文明进程的不断推进，人们依据其对自然的认识并结合自身的需求，开始有意识地进行土地利用规划，并按照规划利用其所处的土地，建设和发展其所处的区域以改善其生活和生产条件。景观生态学就是其中具有代表性的学科之一，对土地利用规划和建设都起到了重要的作用。同时，那些源于人类感知的多样化信息对越来越受人类主导的栖息环境及周边的生态系统产生了巨大的影响，具体表现为这些信息将会为决策者提供决策支撑从而影响生态系统规划管理和可持续发展实践。因为所有来自外界的信号只有转化为人的感知信息，才有可能被人类理解和接受，并进一步影响人的决策和行为，对生态系统产生反馈。随着社会经济的高水平发展和现代科学技术的快速进步，人们的认知水平、思想观念和需求都有了很大的改变和扩展。相应地，人们对区域发展方向和内容都有了新的要求，这也要求扩展景观生态学的视野、理论和方法，或者说用另一种“以人为本”的思路去发展景观生态学，我们可以把这种思路定义为景感生态学。景感生态学是研究生态系统服务和可持续发展的有效途径，也是联系生态系统服务和可持续发展的桥梁。

2.1.1 景感生态学的概念内涵

景感生态学顾名思义是对景观感知衍生出的生态学，我国著名生态学家赵景柱将景感生态学定义为：以可持续发展为目标，基于生态学的基本原理，从自然要素、物理感知、心理认知、社会经济、过程与风险等相关方面研究土地利用规划、建设与管理的科学。自然要素包括光、热、水、大气、土壤、磁场、放射性和地形地貌等。物理感知是人们通过视觉、听觉、触觉、嗅觉、味觉等感官对景感的感知。心理认知是人们通过物理感知进而形成的心理反应，包括安全、审美、文化、伦理等维度。其中一些要素具有从属于自然要素、物理感知或心理感知等的多重属性。这些要素出现与否和不同组合会导致不同的土地利用效果。对于身处其中的人来说，不仅景观镶嵌的物理空间是可以观看的，而且要通过人的各种感觉通道和心理特征来认知和理解生态景观的格局、过程与功能。因此，景感生态学的本质是对原有注重客体景观组成、结构与功能等自然属性为主的景观生态学的扩展，进一步融入了人的主观因素，并将人作为景观格局和过程研究的核心驱动力。景感生态学与景观生态学相比，更强调研究生态景观格局和过程中人的作用，尤其是人对景观的认知及其在改造景观结构和功能中扮演的角色。由于关注人为主观因素与自然景观生态过程的交互作用，景感生态学在应用的尺度上适合人为活动和受人为影响较大的城市区域，包括城区、社区和局部景观类型，涉及商场、街道、公园和广场等人文地理空间，因此也更具人为景观规划和管理的实践指导性。

为了在理论研究和实践中更广泛地应用景感生态学的概念和思路，我们试图从内涵和外延上对景感生态学的研究对象和内容加以扩展。

在实践中，人们通过适当的表现形式将某一或某些愿景赋予或融入某种载体，使自己和其他人能够从这一载体及其相关的表现形式中领悟这一或这些愿景。这些愿景可以引导或规范人们的言行，进而促进和保障可持续发展的实现。这些载体可以是城市、街区或建筑，也可以是书画作品、诗词、小说、歌曲或徽标等。为了便于后续的分析和表述，我们把具有这种属性的载体称为景感，把构思和构筑景感的整个过程称为景感营造，把关于景感营造理论和方法的研究称为广义景感生态学（以下简称景感学）。

2.1.2 景感生态学的总体结构

科学技术的发展，特别是物联网和人工智能技术的快速发展，使人类活动的时空尺度不断扩大、视野不断开阔，对生态系统的影响也不断增加。同时，人类对生态系统服务及可持续发展的认识也在广度和深度上得到不断提升，相应地直接或间接且极大地影响了人们与生态系统的关系以及人与人的关系。

在这样的时代背景下，景感学特别是内容比较复杂和涉及生态系统的景感学研究在某些方面要比景感生态学的研究更广泛、更复杂。

景感营造通常是一个长时间持续不断的过程，其间，科学技术和社会经济的发展会引发一些新事物、新思想和新需求的产生。因此，不仅人们的需求系统在变化，需求系统的构成因子的重要性也在变化。所以，景感营造需要在实施过程中根据实际情况加以调整、改进和完善。事实上，人类对生态系统的认识是一个不断积累和不断深入的无限过程，对“感”和“感”的作用机制的认识也是同样的。在景感营造过程中对生态系统服务的内涵、人类与生态系统的关系、人与人之间的关系等的变化及趋势的预判将是景感营造面临的一个挑战。

景感营造的渐进性是相对于这种不断变化的过程而言的。为了适应这一不断变化的过程，关于景感营造的研究需要采用趋善化模型（Meliborization model）及其相关总体分析框架。而涉及过程的研究通常需要考虑过程风险的问题，即要进行风险分析并为应对风险而制订相应的预案。同时，景感营造的过程特征决定了相应数据的过程特征。

而且景感营造需要的数据，有些是通过传统方法很难获取的。通过新方法获得的数据与通过传统方法获得的数据的质量是不一样的。所以景感营造研究更需要采用混合数据（mixing data）和行进数据（marching data），即谜码数据（mix-marching data）。景感学研究采用的趋善化模型需要以谜码数据为支撑。

综合上述考虑，赵景柱等建立了一个景感学研究的总体框架，如图 2-1 所示。

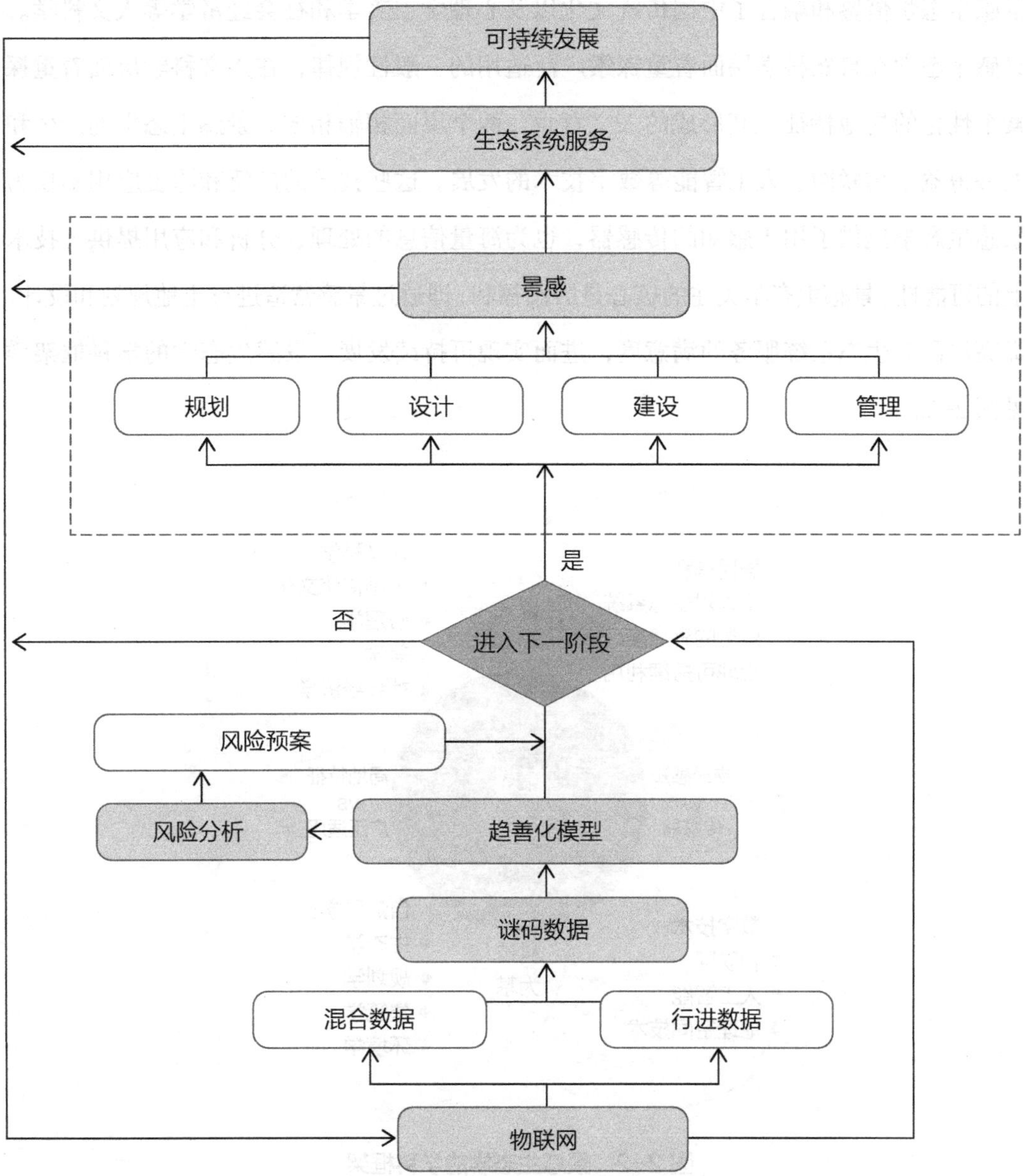

图 2-1 景感学研究总体框架

2.1.3 景感生态学的学科框架

景感生态学主要从属于自然科学，是生态学与规划学的交叉学科，涉及建筑学和环境科学等学科，主要服务于土地利用规划管理，属于生态规划方法的一种。同时，景感生态学借鉴和融合了中国传统文化以及心理学、美学和社会经济学等人文科学。景感生态学在自然科学层面着重探索广泛适用的一般性规律，在人文科学层面着重探索个性化的局地特征及其形成的人文背景，两个层面相辅相成。景感生态学的产生和发展得益于物联网、人工智能等数字技术的发展。这些技术的广泛和深度应用不仅为景感生态学提供了用于感知的传感器，也为海量信息的处理、分析和应用提供了技术上的可能性。景感生态学关注的核心是居民福利，即通过景感营造进行土地规划和设计，提高居民对生态系统服务的满意度，进而实现可持续发展。景感生态学的学科框架详见图 2-2。

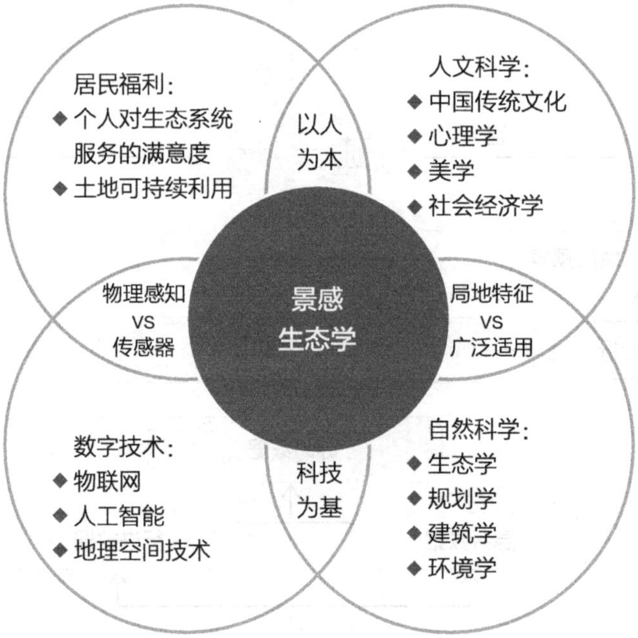

图 2-2　景感生态学的学科框架

2.1.4 景感生态学的研究范式

2.1.4.1 景感生态学的核心思想

（1）生态系统服务评价的根本目的

生态系统服务评价有很多种形式，如物质量评价、价值量评价以及二者相结合的评价，还有把生态系统服务价值量核算与 GDP 进行比较的评价。

我们认为对生态系统服务进行评价的根本目的是要保持和改善生态系统提供物质量的服务能力，进而促进和保障可持续发展。

生态系统服务物质量评价和价值量评价的目的是不同的，应用场合也是不同的。生态系统服务价值量评价主要用于生态系统受损或生态补偿的价值评估，而生态系统服务物质量的动态评价可以反映生态系统服务能力的变化态势和实际状况。对于同一生态系统而言，如果分别进行生态系统服务物质量评价和生态系统服务价值量评价，评价结论往往是相互矛盾的。

对于区域生态系统服务而言，价值量评价结果通常不能真实地反映生态系统服务能力。在某些情况下，生态系统服务价值量评价结果可能会使我们对生态系统服务进行评价的初衷和目的偏离，使我们对生态系统服务能力的判断模糊。我们可以假设某一区域只剩最后一滴能够饮用的水，那么这滴水的价值量之大是无法想象的。

区域生态系统提供的不同服务是相互关联的，且这些服务往往具有不可替代性。区域生态系统服务的价值量评价往往掩盖了不同服务之间的关联性和不可替代性。

此外，把区域生态系统服务价值量核算与 GDP 进行比较的评价结果也存在一些逻辑问题。GDP 反映的是供求关系并且是通过市场来实现的，而区域生态系统服务的价值基本上是潜在的，也几乎不通过市场来实现。

（2）生态系统服务和可持续发展

关于可持续发展的概念和内涵有很多解释，但是人们通常采用的是世界环境与发展委员会（World Commission on Environment and Development，WCED）1987 年在《我们共同的未来》中对可持续发展的表述，即（可）持续发展[①]是既满足当代人的需要，又不对后代人满足其需求能力构成危害的发展（Sustainable development is development that meets the needs of the present without compromising the ability of future generations to meet their own needs）。

关于生态系统服务也有很多种解释，但人们一般采用的是科学家 Daily 给出的定义，即生态系统服务是自然生态系统及其所属物种支撑和维持人类生存的条件和过程（Ecosystem services are the conditions and processes through which natural ecosystems, and the species that make them up，sustain and fulfill human life）。

从生态系统服务的视角分析，我们认为可持续发展是保持、改善和增加生态系统服务并能为人类当代和后代提供可持续福利的发展。景感生态学是研究生态系统服务和可持续发展的有效途径，也是联系生态系统服务和可持续发展的桥梁。我们认为相对于这一发展模式的文明形态即生态文明。关于可持续发展的这种认识体现了生态系统服务、需求和居民福利之间的关系，这一认识有利于可持续发展理论研究和实际应用的开展。

（3）景感营造

景感营造是广义景感生态学的核心，可以把人和生态系统服务及可持续发展紧密地联系起来。景感营造及景感生态学研究的目的是在保持、改善和增加通常意义的生态系统服务的同时，更加注重和强调增加有关可持续发展意识及相关理念的生态系统服务。可持续发展的实现不仅需要科学技术的硬支撑，更需要与之相应的文化和伦理道德等方面的软支撑。可持续发展意识及其相关理念可以促使人们遵守可持续发展的共同行为规范，使其在享用生态系统服务的同时，自觉地共同行动，进而推动生态系统服务的保持、改善和增加，确保可持续发展目标的实现。

景感营造主要有以下 3 种途径：①借助已有载体，把愿景融入已有载体使其成为景感；②根据呈现愿景的需要，对已有载体进行不同程度的改造以形成新的载体，并把愿景融入新的载体使其成为景感；③新构建载体并将愿景融入其中，使其成为景感。

---

① 在1992年联合国环境与发展大会前，sustainable development的中文译文通常采用的是“持续发展”。

不同性质的景感往往会呈现不同的特征。为了达到景感营造的目标，需要根据景感营造的一些原则并结合实际情况采用直接表达、间接表达、隐喻甚至其他变通的途径来进行景感营造。景感营造通常会不同程度地呈现这些原则的不同特征。

景感营造的主要原则包括以下 8 个方面：

①愿景呈现的双向性。景感营造的设计者在通过景感表现自己愿景的同时，也希望这一愿景引起人们的共鸣而成为人们的共同愿景。愿景呈现的双向性是指设计者将其愿景融入景感，其他人能够通过这一景感领悟这一愿景并对这一愿景产生共鸣。

②方位的顺脉性，即方位的脉势顺应性。在景感营造中，可以根据载体及关联生态系统的特点和山水脉势、愿景展现脉势（心理脉势）以及景感空间要素布局的需要，“人为主观设定”景感要素的位置和方向，而这些“人为主观设定”的位置和方向可能不是真实的物理位置和方向。

③时空组合的多尺度性。景感营造中可以把人们在不同时间和不同地点的感知和认知融入同一景感。景感营造的时空组合往往存在不同的尺度，甚至呈现非连续的跨越式尺度。

④物理感知的系统性。人们的视觉、听觉、嗅觉、味觉和触觉等物理感知功能作为一个系统是无法拆分的，而且常常是相互影响的。生态系统作为一个整体也是不可拆分的。在景感营造中既要分别研究人们的各种物理感知，更要把人们的各种物理感知作为一个系统进行研究。

在分析人们物理感知的系统性的同时，要注意人感知的时空范围是有差别的，而且不同的人对物理要素感知的敏感度也是有差别的。

⑤心理认知的整体性。物理感知的系统性和人们的文化、社会经济、知识等要素决定了人们心理认知的整体性。景感营造中既要分别研究心理认知的各个要素，也要研究各要素的相互关系，从而确保心理认知的整体性。

⑥物理感知与心理认知的交互性。人们的物理感知和心理认知是景感营造的两个重要方面，二者相互关联、相互作用，密不可分。景感营造中必须考虑人们的物理感知和心理认知的交互作用。

⑦不同文化的差异性。不同地区的生态系统特征、社会经济发展过程和人们的需

求系统不同，特别是人们的文化背景也不尽相同。景感营造中应该首先考虑不同地区和不同群体的传统、偏好及文化的差异性，并将其放在特别重要的位置加以关注。

⑧营造过程的渐进性。景感营造，特别是复杂和涉及生态系统的景感营造往往很难一次完成。在有些情况下，受时间、预算和人们认知水平等的限制，景感营造需要逐步完善，且前一阶段需要尽可能给后续阶段留有衔接的“接口”。

需要注意的是，这些原则具有相互关联、相辅相成的关系。所以，在景感营造的实践中，应根据实际情况系统地、综合地运用这些原则。

综上所述，景感营造与生态系统服务及可持续发展之间存在密切联系，三者的相互关系如图 2-3 所示。

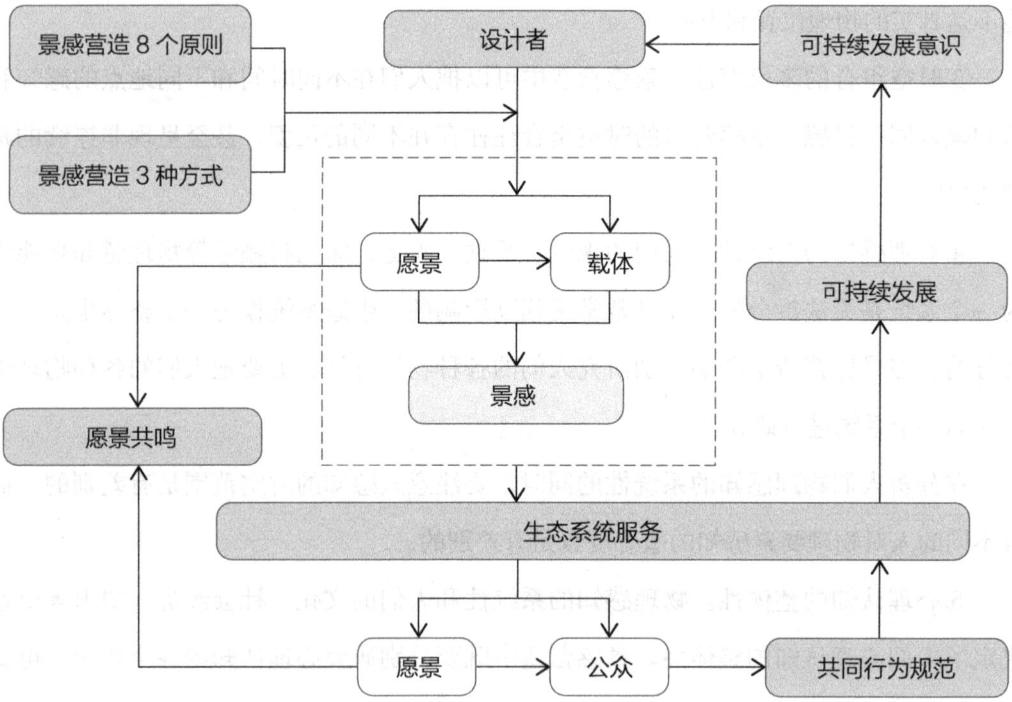

图 2-3　景感营造与生态系统服务及可持续发展的关系

（4）趋善化模型

新形势下的生态环境管理需要新理念、新思维和新模式。

现有的生态环境管理主要是问题跟踪性管理，管理模式主要是针对已经或将要出现的生态环境问题采取应急性和阶段性的应对措施。这种生态环境管理模式很难或无法长久地从根本上解决生态环境问题。

生态系统是一个完整的整体，而我们现在的生态环境管理模式是把相互关联和相互作用的环境系统或环境要素从生态系统中切割出来加以零部件式的修理。

同时，生态系统演替和变化是一个极其复杂和无止境的过程，且存在不可预测及不可控制的因素。用现有的思维、方法和措施很难或无法有效地认知和解决生态环境问题。

趋善化管理模式是生态环境管理的一种有效模式。趋善化管理模式的基本思路是在生态系统的框架下，基于生态系统的完整性、复杂性、变化性和过程性等特征，对生态环境进行过程性和动态化管理与调控，使生态环境的变化和发展不断趋向和趋近预期的方向和目标。由于土地利用规划、建设与管理涉及多方面因素，是一个长期的、连续的协调、反馈和完善的过程，而且在这一过程中会出现意想不到的情况。尤其是基于景感生态学的土地利用规划与建设，一次规划不可能完整至善，只能沿着既定的方向不断推进和完善。因此，景感认知和营造过程的特点是趋善化，在对其的研究中应当采用趋善化模型。

2.1.4.2 景感生态学的研究框架

景感生态学的一般性研究可以概括为 3 个步骤：①物联网监测，即采用物联网等技术手段获取数据，这些数据是多途径、多源、多尺度、动态更新的，通过与其他来源的数据进行耦合共同形成“谜码”数据（包括混合数据和行进数据）；②趋善化分析，即采用趋善化模型对景感营造过程进行分析，基于模型运行过程中的模拟预测和风险分析，在目标与约束条件之间的同步交叉、相互协同过程（实现途径和目标不断优化调整）中，使结果不断趋向“最优”；③景感营造，即通过针对性的规划、设计、建设、管理方法以及它们之间的有机融合营造景感，研究如何通过景感营造实现生态系统服务的保持、改善和提升，最终实现可持续发展。

2.1.4.3 景感的表征

景感主要通过物理感知和心理认知两类指标进行表征（表 2-1）。由于受感官敏感性、教育背景、个人偏好、情绪波动等多种因素影响，不同人对同一景感会形成不同的物理感知和心理认知，其中心理认知的差异比物理感知大。例如，安全和安全感是两个不同的概念。安全是客观状态，安全感是安全主体对自身安全状态的自我意识。自我意识与客观的安全状态有时比较一致，有时则相差甚远。

表 2-1　景感的表征指标

	感官维度 / 认知维度	景感指标	指标说明
物理感知	视觉维度	景观可识别	景观适宜观赏
		人类景观	人的数量适中、无干扰
		动物景观	观赏动物（如野鸭）
		植被景观	观赏树、草、花等植物
		水体景观	观赏水景
		道路景观	观赏道路的线条、色彩等
	听觉维度	风声	风吹植物的声音
		水声	水的声音
		人声	适度的人声
		动物声	动物的声音
		播报声	广播的声音
		噪声	交通、施工等噪声
	触觉维度	阳光接触	对光环境的感受
		风的接触	对风环境的感受
		温度接触	对温度、湿度的感受
		材料接触	对各种材料质地的感受
		水的接触	触摸水
		道路接触	道路触感舒适

续表

	感官维度 / 认知维度	景感指标	指标说明
物理感知	嗅觉维度	植物气息	可闻到植物的气息
		无异味	没有污水、垃圾等的异味
心理认知	安全维度	安全感	主观认为自身安全
	文化维度	审美能力	通过感知、理解、想象、情感等活动形成的主观审美认知
		文学艺术	借助语言、表演、造型等手段塑造的意识形式
	伦理维度	风俗习惯	人际交往中的礼俗、民俗和风俗
		行为规范	人与人、人与社会、人与自然关系中的行为规范
		道德准则	人与人相处的道德标准

景感的表征在公园品质提升、城市生态规划等方面具有应用价值和推广意义。针对北京市典型城市公园生态系统文化服务与居民感知的关系研究表明，景感要素的重要性存在差异，且不仅与要素的感知难易程度有关，也与居民的感官感知尺度有关，这从提升居民对城市公园景感满意度的角度为城市公园的规划和管理提供了依据和建议。在京津冀生态关键区域典型城乡交错带的规划中，通过景感特征指标将生态信息融入城市规划过程，阐明了将居民感知信息融入生态规划过程的挑战性和重要性。

2.1.5 景感生态学主要研究内容

目前景感生态学的主要研究内容可以分为 4 个部分：“谜码”数据、环境物联网、趋善化模型（Meliborization model）和景感生态规划，这 4 个部分相互依赖，如图 2-4 所示。

2.1.5.1 “谜码”数据

景感生态学的应用直接或间接地涉及表征自然、经济、社会、心理、预期、过程、风险等方面的数据，因此，需要混合数据和行进数据这两类数据的支持。混合数据是

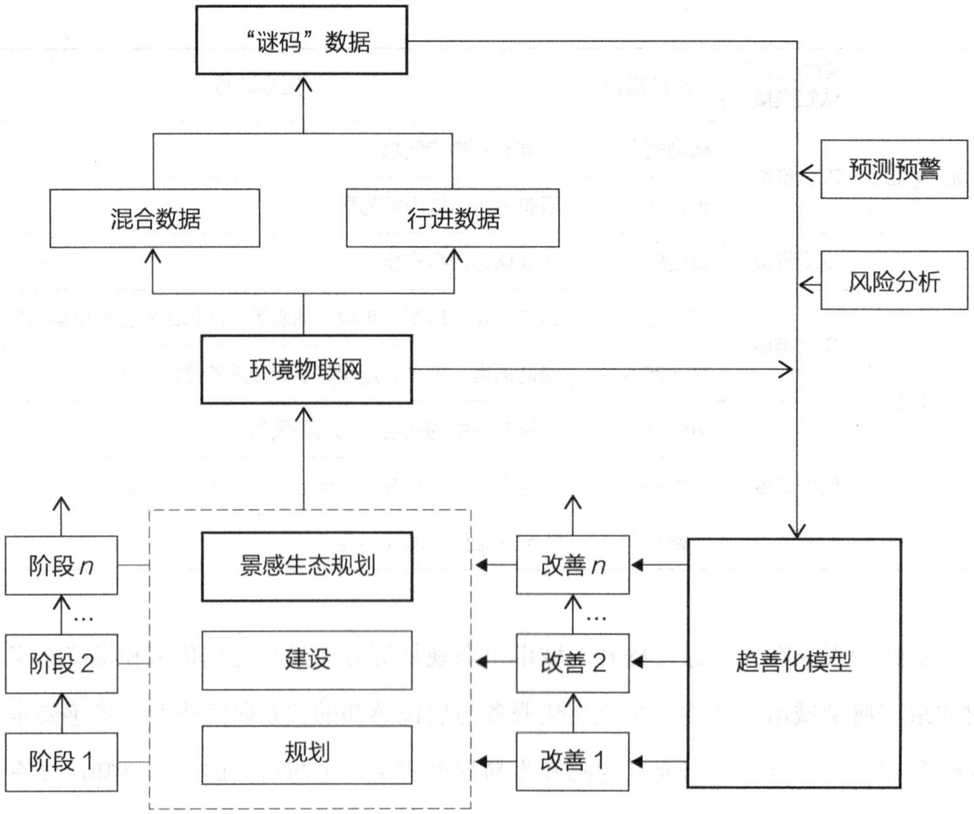

图 2-4 景感生态学主要研究内容及其内在联系

指通过不同途径、不同来源、不同时空尺度等各种形式获得的具有相同或不同性质的各类数据，包括实验数据、观测数据、监测数据、推演数据、遥感解译数据、统计数据、经验数据、替代数据、问卷调查数据和心理实验数据等。遥感解译数据会因解译人员的不同而有所不同，问卷调查数据和心理实验数据常常会因时间、地点和对象等不同而产生很大差异。所以对这类数据的使用要根据实际的工作需要进行适时和必要的调整。行进数据是指工作程序实施过程或趋善化过程中出现的数据，这些数据在工作程序实施之前是未知的。在实际工作中，人们有时会采用模拟数据或预测数据进行探索性的研究和风险分析。这些数据出现之后，在实际工作中又进一步被投入使用，进行下一阶段的模拟和预测。因此，行进是一个反复迭代、不断向前的过程。为方便起见，赵景柱等把这两类数据合称为"谜码"数据。

2.1.5.2 趋善化模型

趋善化模型的核心理念是“没有最好的结果，只有更好的途径”。土地利用规划与建设不是一个单向的优化问题，其约束条件和目标常常交织在一起，所以比较适合采用趋善化模型。从类型来看，趋善化模型属于策略优化模型，通过生态系统不断趋善化这一目标函数，提供优化备选路径或策略，而目标函数中所隐含的目标为生态系统的可持续发展，并且具有一定的约束条件。相比于传统优化模型，趋善化模型采用了优化模型思想的精髓,强调和体现过程及过程运行中的调控和不断趋善，追求的目标不是单一或某一阶段的优化，而是强调目标与约束条件同步交叉、相互协同与调控，进而实现最终目标的不断完善。趋善化模型与传统优化模型的比较如表 2-2 所示。

表 2-2 趋善化模型与传统优化模型的比较

	传统优化模型	趋善化模型
研究对象	物理系统	复合生态系统
系统特征	系统的现在和未来状态变化均随着初始条件和系统关系的确定而确定	自组织、自调节、主动、复杂和开放，无法确定所有系统关系，无法获得足够的信息以确定未来的状态
假设	设置了理想假设	根据问题进行假设的调整
确定性	针对确定性问题	针对不断变化和大量的不确定因素
定性与定量	定量	定性与定量
数据集	要求有完备的数据集	缺少数据是常态
途径	给出最优解结果	给出通向和达到最优解的途径

趋善化模型评价框架是在基本评价框架的基础上通过构建趋善化模型对生态文明建设进程进行评价。趋善化模型的主要特点是突出生态系统服务的约束性地位，同时尽可能提高人们的综合满意度。针对不同的复合生态系统，趋善化模型的总体思想、方法和特点等都不同，其总体结构见以下数学描述：

$$\begin{aligned} &\mathrm{Mel}\,f\,(S,\ t) \\ &\mathrm{s.t.}\ O\,(t+\Delta t) \geqslant O\,(t) \end{aligned} \tag{1-1}$$

式中：Mel——“趋善化”的问题求解；

f——复合生态系统 S 在 t 时刻的功能状况或持续发展水平；

$O(t)$——系统 S 在 t 时刻的机会或选择空间；

Δt——时间的增量。

对于不同的系统，可以根据实际需要选择不同的指标来反映系统的功能状况和机会空间。

上述理论模型解释了可持续发展总能力与可持续发展能力的限制项及地理空间非均衡梯度演变之间的耦合关系，涵盖了社会—经济—自然复杂生态系统主元素的有机关联以及在时间过程中和空间分布上的对应关系。

2.1.5.3 环境物联网

在景感生态学的理论研究和实际应用过程中，我们要对人居环境及其周边生态系统动态过程进行长期的、实时的、原位的观测，包括客观的“感”和人们主观的“感”等方面。这类观测通常是通过物联网的途径来实现的，通过其他途径是很难或无法实现的。同时，物联网为趋善化过程与模型的构建提供了可行的途径，进而为土地利用的规划、建设、评价、管理与调控等提供了有效的保障。应用空间数据挖掘和模型构建技术，建立数据存储、分析和展示一体化的环境物联网数据管理系统，不仅可以大范围地整合和挖掘城市的各种统计信息资源，实现更为客观、全面的城市可持续发展能力评价，还能建立一个面向政府和公众的信息公开平台。

以中国科学院城市环境研究所建成的环境物联网平台为例，环境物联网的硬件部分包括各种服务器（数据存储和分析）以及展示设备；软件部分包括地理信息系统（GIS）、XML 数据库、BaseX 数据库管理软件、数据包络分析（DEA）模型等。环境物联网数据库是环境物联网平台的重要组成部分，主要由环境数据库和 XML 数据库两个子数据库构成。环境数据库用于储存遥感影像数据（如土地覆被分类数据、夜晚灯光数据等）以及各种环境要素（水、土、气、声、风）的环境监测数据；XML 数据库用于储存通过统计途径得到的社会数据、经济数据和环境数据。按照数据类型的不同可将数据划分为非空间数据和空间数据，其中非空间数据主要采用二维关系型数据库进行存储，例如 SQL Server；空间数据主要采用 ArcSDE 空间数据引擎结合 SQL Server 进行存储。为了使用环境物联网技术分析城市可持续发展能力，数字城市环境网络中心选用了面向投入的 DEA 模型，包括使用面向投入的 CCR 模型计算城市可持续发展的综合效率，使用面向投入的 BCC 模型计算城市可持续发展的纯技术效率，再通过两者计算结果的比值获得城市可持续发展的规模效率。

2.1.5.4 景感生态规划

景感生态规划是指以景感生态学为主要理论基础，以生态措施作为修复与建设的主要途径，综合考虑当地自然条件和人们的生活、生产和文化等，促进和保障区域可持续发展的规划，简称景感规划。景感生态学认为受人类干扰或者驱动的景观格局及其演变必须同时考虑自然景观和人为感知两类要素：自然景观要素包括光、热、水、土、地磁、放射性和地形地貌等；人为感知要素分为物理感知和心理感知，其中物理感知包括人的视觉、嗅觉、听觉、味觉、光觉、触觉（风速、风向、温度、湿度等），心理感知包括宗教、文化、愿景、隐喻、安全、社区关系、福利等。其中一些要素既属于自然景观要素又属于物理感知或心理感知，具有多重属性。显然，这些要素的出现与否和不同组合会产生不同的景观利用效果，影响人类对土地空间的感知和诉求，进而驱动人类改造自然景观格局的行为并促成其动态演变。因此，景感生态学中的环境感知信息既包括传统的生态环境资料（如水环境质量、噪声频率、物种组成和种群规模等），也包括个人感觉和心理反应（如皮肤感觉、文化差异、视觉效果和人际关系等）。一般来说，成功的生态规划应该满足视觉、听觉、味觉、嗅觉和触觉 5 个基本方面。在本书的景感生态规划方法中，源于人的感觉的数据将被视为第一手资料。本书基于景感生态学概念总结了景观生态学规划的内容和方法，见表 2-3。

表 2-3 景观生态学规划的内容和方法

感觉类型一级	感觉类型二级	感觉器官	规划类别	规划内容
物理感知	视觉	眼睛	景观格局、建筑风格、植物营造、文化遗产	景观格局优化、建筑色彩规划、植物配置设计、古建筑保护
	听觉	耳朵	噪声、自然声	绿化隔离带、自然声景观设计
	味觉	嘴	农业景观	采摘农业
	嗅觉	鼻	植物营造、黑臭水体	芳香植物配置、黑臭水体治理
	触觉	手、皮肤	建筑材质、小气候	建筑外观设计、通风廊道
心理感知	情感	心	安全感、认同感	隐私保护设计、历史文化传承
	方位感	大脑	地标建筑	景观雕塑、符号系统设计

2.2 景感生态学研究展望

任何学科的建立必须具备两个基本条件：①明确且独特的研究对象；②针对研究对象所解决的基本科学问题。而学科的发展和成熟则需要具备以下 3 个条件：①属于本学科的研究范式；②独特的研究工具；③符合学科应用方向。由于景感生态学仍处于起步阶段，本章将重点对前两个问题进行论述，并探讨景感生态学未来的发展以及与景观生态学的协同关系。

2.2.1 研究对象

从当前景感生态学的定义来看，景感生态学的主要研究对象与景观生态学基本一致，即土地利用。与景观生态学关注自然生态过程、格局等有所不同，景感生态学的研究目标还涉及土地利用规划和管理所需的相关要素，如物理感知、心理感知、社会经济、过程与风险等。这些感知因素都是从自然要素，即景观衍生出来的，其中物理感知和心理感受可以归结为人类个体因素，社会经济可以归结为人类群体因素，而过程与风险等则是自然要素与人为要素的相互作用所需要考虑的因素。总体来说，景观生态学的研究对象构成了景感生态学的基本研究要素，因此，斑块、廊道、基质等景观生态学的基本概念同样适用于景感生态学。但由于人为利用的功能化需求，来自景观生态学的基本研究单元、空间构成可能有新的表征和意义，例如，声景观是可以跨越空间隔断而在非连续的空间构成上形成声感知的连续趋势面；而视觉景观则会受到观测角度甚至观测主体情绪的影响，在同一景观格局下形成完全不同性质的视景观；更复杂的是作为感知主体的人，对于同一景观单元可以通过不同感知途径获得不同的景感，这些不同的景感如何作用并最终影响人的判断和行为，即人与景观交互的具体过程和风险仍需要大量的试验验证和理论探索。另外，景感生态学的目标是土地规划、建设和管理应用，这就涉及研究尺度的问题：既然景感生态学是关注人的感知过程和互动结果，那么景感生态规划的适用尺度是不是局限在人类活动和影响较为密集的区域，而针对人为干扰较少的大尺度自然景观是否适用？当然，目前已经很难找到不受人类干扰的自然生态系统了，但是随着人类活动和影响的程度变化，景感生态学的研究对象是否也会产生梯度或者其他形式的时空衰变仍需要进一步探讨。我们需要尽快确定景感生态学研究的关键尺度和典型空间。

2.2.2 科学问题

目前，景感生态学的科学问题是不明确的，因为景感生态学本身是自然与艺术结合的产物，其注重实践的应用性或实践过程中设计者和受用者的体验性。在一定程度上，任何科学一旦与人的需求产生联系，就会受到人主观认知的影响，而人的主观认知本身在科学性上存在大量空白，如意识和物质的关系，即哲学意义上的“考虑”，以及对感知主体人的不同阶层和发展阶段的考虑都会影响景感生态学的基本科学问题。借鉴生态学的基本科学问题——物种及其周边环境的关系学，可以简单地将景感生态学的基本科学问题设定为人类感知与景观格局、过程和动态的关系。但实际上这种科学问题是模糊且难以把握的，因为人类感知本身就是一种科学，心理学、生理学和环境健康学都可以被纳入人类感知范畴，甚至更宏观的哲学和科学本身也是一种人类的认知科学。同时景观格局、过程和动态作为景感生态学的基本科学问题仍存在很大的空白，所以当将两者耦合进而探讨人类对景观的感知科学时，需要一个重要的切入点或者有效的分析逻辑。可以预见的是，随着景观生态学的发展，其与人类社会日趋紧密，景观将不仅被作为自然要素，还将被赋予更多与人类需求相关的人文内涵。以往在艺术和设计界关注的景观概念（如园林景观、建筑景观、风景、景致等）将逐渐与景感生态学的科学理论与技术方法融合，形成一系列从自然科学视角来审视常见人文景观或者空间的实践性与科学性交互的问题。例如，街道空间的设计如何量化人流的时空分布格局和过程，从而保障街道人群的安全并减少环境污染暴露？城市公园内部的功能分区如何满足不同人群对自然生态系统服务价值与社会福利的需要？不同的自然环境会对处在其中的人类思想和行为产生怎样的影响？也许，在不断地探索景感生态学基本科学问题和切入点的过程中，景感生态学在人为和应用领域将得到意想不到的发展。

2.2.2.1 景感指标体系的发展与完善

景感指标至少应当包括物理感知和心理感知两个层面。目前针对物理感知的指标有一定的研究，而针对心理感知的研究较为薄弱，其系统指标体系还未建立。指标体系是系统认识景感的重要抓手，是评价景感营造优劣的工具，是景感生态学亟须发展和完善的方面。

2.2.2.2 物联网、“谜码”数据和人工智能的融合发展

景感生态学的理论研究和实际应用需要对生态及相关动态过程进行长期、实时、原位的观测，物联网对于此类观测来说是不可或缺的。通过物联网及其他手段获取的数据是“谜码”数据，也就是说这些数据是多源、异构且不断改进的。当前人工智能技术快速发展，为数据处理和分析提供了有效的技术方法。利用物联网、“谜码”数据、人工智能的深度融合，促进高效快捷地获取、处理、分析和应用数据，是推动景感生态学发展的重要动力。

2.2.2.3 城市规划与设计中的景感营造

景感生态学是受各种传统规划与建筑思想的启发而在理论研究和实践过程中自然

形成的。景感营造是城市规划与设计践行景感生态学最重要的手段，也是城市管理者保持、改善和增加生态系统服务，实现可持续发展的有效途径。

2.2.3 研究范式、工具与应用方向

研究对象和科学问题从很大程度上决定了一个学科的研究范式。从目前景感生态学的 4 个主要研究内容可以看出，景感生态学的研究范式与景观生态学具有显著差异。在数据获取和利用方面，景感生态学包含景观生态学的所有观测数据，并强调通过环境物联网和网络多源数据的应用实现混合数据与行进数据的综合利用。但是这在现实中是比较困难的，因为不同源数据的标准化不仅表现在数据库的存储形式上，更表现在是数据间的内在联系与利用关系上。基本研究范式和分析逻辑框架的成熟度决定了对数据应用和挖掘的有效性和充分程度。当前数据分析的核心是趋善化模型，但其目前仍是一个理论模型，在实践中必须有对应的、具有实际意义的模型参数，如模型的动态目标、主要限制因素等必须结合具体的应用目标才能确定。而这种探索性的工作本身也是一种趋善化的过程，需要大量的实践应用和总结。因此，尽管景感生态学提出了明确的具有自身特点的分析工具（趋善化模型）和数据获取手段（环境物联网），在当前阶段和可预见的未来，景观生态学的遥感、地理信息系统和空间分析手段仍将是景感生态学最可靠的分析工具和手段，而尺度、等级、过程、格局等景观生态学的分析理论也仍将是指导我们理解景感生态过程、开展景感生态规划的重要理论和方法来源。当然，任何从自然景观中总结出来的理论和方法在人文景观应用的过程中可能会产生新的演变和发现，毕竟在研究自然界的景观格局过程中，尤其是在研究生物流和景观格局关系时，很少有科学家会观测且分析物种的感知机制及其心理过程。而景感生态学在研究人群与景观格局关系时，可以大量借鉴社会学、心理学和人体生理学等已有的研究成果，从而更为精细和完整地分析物种（主要是人、人群）与周边景观环境演变的交互机制，从而形成新的研究范式，甚至可以指导并完善现有的景感生态学研究范式，并为其提供新的工具，扩展其实践应用领域。

2.3 学科发展规划

总体来说，未来需要通过国内已经兴起的景感生态规划的实践来推动景感生态学理论和方法体系的完善；就近期而言，景感生态学的主要研究内容和应用目标仍是土地利用和生态景观，学科发展需要解决的主要理论问题仍是偏向于自然科学的土地利用规划或景观规划。未来景感生态学的方法体系将会得到快速的发展，从而推动整个学科的发展，而这种方法学的发展极有可能会促进现用于开展人为活动空间（如城市区域）研究的景观生态学技术方法的融合与提高。以下将主要从明确研究目标和完善方法体系两个方面来预测景感生态学未来在国内的发展路线。

2.3.1 明确研究目标和尺度

景感生态学的学科发展将会沿用景观生态学的基本研究目标与单元，如斑块、廊道和基质，因为这些已有的研究目标不用过多地解释就能将景感生态学的内涵融入其中，如听觉景观、视觉景观和味觉景观等。但随着学科应用的发展，景感生态学具体的研究尺度将会逐渐明确。景观生态学将生态系统作为景观格局内更小的斑块组成，因此景观生态学研究主要是在生态系统更大尺度上的区域土地利用 / 覆被格局过程；而景感生态学更关注人与自然耦合的复合生态系统内部的生态系统构成、结构及其动态产生的对人功能性需求的满足，因此其研究的空间目标尺度比现有的景观生态学小，如学校的大门、交通中的提示路标等；这种存在于系统内部的景观组成，很可能因其文化或者生态的（功能）内涵及其对人感知的重要性产生超越空间尺度的影响。景观组成在景感生态学的研究范畴内不再以景观组成的空间大小作为其重要性的决定因素，例如景观生态学将一定区域内最大的景观斑块视为景观基质，而在景感生态学中景观组成所含的信息及其对人群产生的指导性影响将是判断其重要性的关键依据。从这一方面来讲，景感生态学的目标将越来越趋向景观信息及其调控效应的研究，尤其是对人的心理和行为的调控效应，例如，在设计好的土地利用或者景观格局下将能激发或者引导哪一类特定的、下意识的人群行为，进而更为科学地指导城市或者乡村土地利用、建筑形态和生态景观要素的空间规划与布局，实现人与环境的协调发展。

2.3.2 完善方法体系

景感生态学强调以人为本和为人服务，其现有的“谜码”数据、趋善化模型和环境物联网本质上都是为实现以人为本的景感生态规划服务的，三者之间的逻辑关系非常明确（图 2-1），但是在具体应用过程中，仍需要更详细的使用说明和更具体的使用工具。对于“谜码”数据的收集与分析时，在明确研究目标的基础上可以发展出更详细的分类、收集和分析方法，例如，在统一明确的研究目标下如何将不同源的数据整合起来，且如何分析这些数据的动态变化（即其“进行式”）？可以预见的是，地理信息系统仍将是整合这类多源“谜码”数据的最佳选择，但是由于研究目标更趋向小尺度化和功能化，用于描述传统景观组成的平面化数据将不能满足景感生态学的发展需求，立体三维、色彩构成、动态特征以及人类感官的多重功能性表征等景感生态学研究的关注要素，将推动地理信息系统逐渐向更多维化、精细化和人性化的数据表征方向发展。景感生态学研究的“谜码”数据可视化也将更趋向应用虚拟现实等技术，同时新的传感器设备将记录不同人群在面对虚拟现实环境下景观动态的真实感受，为更全面地描述人对景观的感知特征与规律提供数据支撑。同时，由此带动的相关分析方法的发展可能更受关注，新数据类型的出现以及以人为本的研究导向将促使现有空间分析技术更多地吸纳人文科学的分析方法与手段，例如，通过环境物联网实现连续对人体各种感知的生态环境变化测量，通过高分遥感和网络大数据对人群无意识性活动的时空特征分析与模拟等。景感生态学方法体系的完善一方面将极大地丰富现有的景观生态学研究工具，另一方面也将推动传统人文科学中土地和景观研究的技术发展，将以往的社会调查、心理判断和主观满意度等信息作为重要的分析参数、约束条件或者目标函数，融入趋善化模型构建过程，从而实现土地利用规划与人类福祉提升的有效结合，推动自然与人文学科的交叉发展。

第3章

生态基础设施理论研究

3.1 生态基础设施分类

当前生态基础设施研究主要针对绿色生态基础设施、蓝色生态基础设施、蓝绿色生态基础设施、水生态基础设施、湿地生态基础设施等开展。其中，水生态基础设施与部分蓝色基础设施、部分蓝绿色基础设施的范围一致，蓝绿色基础设施包含湿地生态基础设施。为更清楚地区分生态基础设施的类型，本书基于Childers的分类方式，结合当前生态基础设施现状，从生态结构和生态特征的角度将生态基础设施划分为绿色生态基础设施、蓝色生态基础设施、蓝绿色生态基础设施和棕色生态基础设施4类，分别对应陆地生态基础设施、水生生态基础设施、陆地水生综合生态基础设施和未开发利用生态基础设施。其中，绿色生态基础设施包括绿地、廊道、森林和城市公园等较为常见的绿色区域空间，绿色屋顶、社区花园、植草沟等低影响开发设施也是绿色生态基础设施；蓝色生态基础设施指诸如溪流、河流、湖泊、水库、池塘等开放地表水体；蓝绿色生态基础设施则包含自然湿地和人工湿地，欧洲也常用蓝绿色生态基础设施表示城市可持续的雨洪管理设施，本书认为湿地和蓝绿色生态基础设施兼具陆地和水生特征，因而将生物滞留池等雨洪管理设施与自然和人工湿地一起划为蓝绿色生态基础设施；而棕色生态基础设施则包括未开发利用的空地和休闲农业用地等以土壤和沙地为主要组成的空间。

3.2 生态基础设施相关概念辨析

3.2.1 生态基础设施

生态基础设施最初被作为生态城市建设的腹地，后来其内涵也不断得到扩展。我们认为生态基础设施是提供生态系统服务的条件和过程，既包含山、水、林、田、湖、草、沙等自然生态系统，也包括雨水花园、植草沟、人工湿地等半自然生态系统，还包含一系列生物、物理、化学的生态系统过程。生态基础设施可为人们提供有价值的生态系统服务，在增强城市生态系统服务、改善城市环境、应对气候变化、维护生态平衡等方面发挥重要作用。海绵城市、基于自然的解决方案（Nature-based Solutions，NbS）、低影响开发（Low Impact Development，LID）、绿色生态基础设施都是生态基础设施建设的表现形式。同时，生态基础设施建设也是景感生态学提出的一种景感营造类型。景感生态学强调从视觉、听觉、触觉、嗅觉等方面全方位开展景感规划，因此生态基础设施建设效益评估要从物理感知和心理认知两个方面进行全面评估。与传统的灰色基础设施（非生物基础设施设计，如道路、管道、电网等）、绿色生态基础设施等不同，城市的生态基础设施在生态系统尺度上结合了灰色基础设施和绿色生态基础设施，强调各个组件的协调和多个系统功能的最大化，而不是单个组件的功能。

3.2.2 生态系统服务

生态系统服务一般是指人类为了维持生命的物质循环和能量转换，从生态系统中获得的所有益处，包括供给服务、调节服务、支持服务和文化服务。生态系统服务功能可以被理解为描述生物物理结构和过程提供的能力或功能的中间步骤，当人类有需求时，它们就会成为生态系统服务。总体来说，本书认为生态系统服务和生态系统服务功能为可互换的概念。有效地结合生态系统服务功能所提供的多重效益对恢复城市地区关键生态功能具有重要意义。

3.2.3 生态基础设施网络的基本要素

（1）生态核心区

生态核心区通常具有关键性生态服务价值且为关键物种的栖息地，为发挥生态功能的核心区域，可以定义为在促进生态过程和维持生态系统稳定性方面起决定性作用的生态斑块。生态核心区也是具有重要生态系统服务功能、生态脆弱性或生态敏感性高的区域。一般而言，区域中最重要的生态核心区具有更依赖研究区的特点，对维护区域生物多样性、保证生态系统结构和功能稳定具有重要意义。因此，本书认为生态核心区是一个在实现区域生态系统功能方面发挥重要作用的大规模生态斑块或者生态基础设施（如大型森林、湿地、城市绿地等），它们承担着区域的主要辐射功能，在实现区域可持续性方面发挥关键作用。

（2）生态廊道

生态廊道是一种具有综合生态、社会、文化等多功能的线状或条状形态的生态景观。一方面，生态廊道主要由植被、水体等生态性结构要素构成，可以连接离散的栖息地斑块并有效地促进生物迁移，有助于防止区域生物多样性降低和生态过程被破坏。另一方面，生态廊道还具有过滤污染物、防止水土流失、防风固沙、调蓄洪水等生态服务功能。生态廊道有效连接了生态系统要素，增强了生态系统的连通性和完整性，可以提高区域的生态安全和生态承载能力。生态廊道可以减少城市快速发展带来的景观破碎化，对加强生态核心区的连通性、恢复生态系统的服务功能具有重要意义。另外，本书认为与其他普通生态区域相比，城市生态廊道具有以下两个特殊性：一是城市生态廊道占地面积较小，建设成本较低；二是城市生态廊道受人类活动干扰较为显著。因此，为了加强区域连通性和生态系统服务，城市生态核心区应通过多功能生态廊道连接起来，形成一个能够促进生物扩散和移动的网络。

（3）生态节点

生态节点一般是生态廊道中的生态脆弱点，位于生态廊道最薄弱的部分，即物种迁移的最大耗费路径与最小成本路径的交汇处。生态节点在生态走廊的连通性和区域生态稳定性中起着关键作用。总体来说，生态节点通过生态走廊相连，形成一个有机的城市生态系统，是生态网络中物质、能量或信息流动的战略要点，在整个生态网络的结构和功能方面发挥着不可替代的作用，对城市生态安全和可持续发展具有重要意义。

3.2.4 低影响开发设施

低影响开发因其能够模仿自然水文过程实现源头径流控制，减轻城市雨水基础设施的压力，增强适应气候变化的弹性，已成为有效缓解城市雨洪问题的重要策略。LID 设施是一种从源头角度解决环境问题的生态基础设施。一般而言，LID 设施包括雨水花园、生物滞留种植园、生物洼地、绿色屋顶、雨水桶、透水路面、河岸缓冲区和人工湿地等。另外，可以通过城市区域的低影响开发实践来最小化城市化对水质、水文、社会和环境的影响。

3.3 EI 与 LID、GI、NbS 的区别与联系

在 20 世纪 60 年代和 70 年代的环境运动中，城市居民的自然意识不断成熟。城市生态学作为一门学科和一种理解城市系统动力学的方法不断发展，其在城市中的重要性和价值也逐渐增强。为了方便规划、设计、管理以及科学研究，欧美学者率先提出了几种术语，用于代指城市中的自然，EI 和 GI 便是在这个背景下提出的。此外，被提出的术语还包括城市绿色空间（Urban Green Space，UGS）、NbS 以及 LID。

3.3.1 低影响开发

LID 的概念最早出现于 1990 年，是美国在实践最佳管理措施（Best Management Practices，BMPs）时提出的，旨在实现地表径流量减少、侵蚀防治和蓄水层补给。我国的《海绵城市建设技术指南——低影响开发雨水系统构建（试行）》（以下简称《海绵城市建设技术指南》）将 LID 描述为在场地开发过程中采用源头、分散式措施维持场地开发前的水文特征。LID 也称为低影响设计（Low Impact Design，LID）或低影响城市设计和开发（Low Impact Urban Design and Development，LIUDD）。由于 LID 通常被运用于城市水文调节和污染防控，因此具有城市的地域特征。广义上，LID 指在城市开发建设过程中采用源头削减、中途转输、末端调蓄等多种手段，通过渗、滞、蓄、净、排等多种技术，实现城市良性水文循环，提高城市对雨水径流的渗透、调蓄、净化和排放能力，维持或恢复城市的"海绵"功能。其中典型的 LID 措施包括雨水花园、绿色屋顶、生物滞留池、植草沟、透水铺装等。因此，LID 本质上是基于自然的改造设施。

3.3.2 绿色基础设施

GI 是公园绿地发展至高级阶段的产物。作为 19 世纪以来用于解决城市环境问题的重要城市基础设施，GI 的概念正式出现于 20 世纪 90 年代美国马里兰州的绿道运动。1999 年，美国保护基金会（The Conservation Fund）和美国农业部森林管理局（USDA Forest Service）组建美国 GI 工作小组（Green Infrastructure Work Group），首次将 GI 定义为国家的自然生命支持系统，GI 是由水道、湿地、森林、野生动物栖息地和其他自然区域，绿道、公园和其他保护区，农场、牧场和森林，荒野和其他维持原生物种、自然生态过程、保护空气和水资源以及提高美国社区和人民生活质量的荒野和开放空间所组成的相互连接的网络。1999 年 5 月 GI 被美国确定为社区永续发展的重要战略之一后，其概念在美国、加拿大和欧洲等国家和地区得到了迅速地发展。其后，GI 的概念与内涵在全球得到迅速的拓展。2006 年，在《绿色基础设施：连接景观和社区》（*Green*

Infrastructure: *Linking Landscapes and Communities*）一书中，Benedict 和 McMahon 将 GI 定义为一个由野外、公园、绿道、保护区和耕作区组成的，具有战略性规划和管理的网络，其支持物种栖息，维持区域自然生态过程，保护空气和水资源，同时能为美国居民的健康和生活品质做出贡献。

近年来，随着 GI 研究的不断深入，其概念也逐渐扩展到了蓝绿基础设施（green-blue infrastructure）或蓝绿城市网络（green-blue urban grids），包括城市的水生特征。2013 年欧盟绿色基础设施战略将 GI 定义为一个由自然和半自然区域组成的具有其他环境特征的战略规划网络，包括绿色空间和蓝色空间，旨在提供广泛的生态系统服务，改善环境质量，从而提升居民生活质量。蓝色空间（主要指 LID 技术中的蓝色空间）逐渐被融入 GI 的组成中。至此，GI 的特征基本可以概括为以下 3 个层次：①在功能上，可提供生态系统服务；②在空间上，为跨尺度、多层次、相互连接的绿色网络；③在构成要素上，包含自然要素及基础设施化的城乡绿色空间和绿色化的市政工程基础设施。

3.3.3 基于自然的解决方案

随着城市化进程的不断加速以及随之而来不断凸显的人与环境的矛盾，各国政府、学者和研究人员积极探索自然环境的科学管理途径，以实现社会和自然协同发展。为缓解气候变化导致的生态环境问题，2008 年世界银行在《生物多样性、气候变化和适应：世界银行投资中基于自然的解决方案》中首次提出 NbS，并将其作为减缓和适应气候变化的重要手段。2015 年 NbS 首次被欧盟正式地定义为一种受自然启发、支持和模仿自然的行为，包括利用现有的自然以应对环境挑战，或通过其他新方案以应对极端环境等。其核心在于通过自然资源创造绿色经济收益和促进绿色增长。另一个相似的定义来自世界自然保护联盟（International Union for Conservation of Nature and Natural Resources，IUCN）。2016 年 IUCN 在题为“Nature-based solutions to address global societal challenges”的报告中将 NbS 定义为保护、可持续管理和恢复自然生态系统或改良生态系统的行动，这些行动能够有效地应对社会挑战，同时为人类福祉和生物多样性带来益处。为推动 NbS 在全球的运用，IUCN 于 2020 年和 2021 年相继推出了《IUCN

基于自然的解决方案全球标准》和《IUCN 基于自然的解决方案全球标准使用指南》（以下简称《标准使用指南》）的中英文版本。《标准使用指南》明确表明了 3 种不同的 NbS 类型，即基于自然的解决方案、源于自然的解决方案、受自然启发的解决方案，如图 3-1 所示。综上所述，NbS 是一种通过模范、运用和受自然启发 3 种途径，实现对区域可持续发展（应对环境、能源、生产、社会等挑战）提供支持的行为。

基于自然的解决方案　　源于自然的解决方案　　受自然启发的解决方案

图 3-1　基于自然的解决方案路径

资料来源：IUCN 基于自然的解决方案全球标准使用指南。

结合 EI 的概念与内涵不难发现，当前 EI 和 GI 的概念相近，两者的内涵已逐渐趋同，都具有维持、改善和增加生态系统服务，支持城市可持续发展的内涵。LID 则可以被视为 EI 和 GI 的组成成分，其内涵以城市的雨洪调节为主，以区域生态环境质量改善为辅。从概念的脉络来看，EI 的概念源于生物保护的视角，其初始目的在于生物和生态系统的保护；GI 的概念源于人居环境的视角，其初始目的为土地保护和环境质量改善；LID 的概念则源于工程设施绿化的视角，其目的在于城市的雨洪调节。EI 在发展过程中不断融入了 GI 和 LID 的内涵与思想，从组成成分上看，当前 EI 是包括 GI 和 LID 在内的蓝—绿—棕—青生态网络（青代表蓝—绿 EI），详见图 3-2。与 NbS 不同的是，EI、GI 和 LID 是自然和半自然的生态系统，是基于自然且受自然启发的解决方案，是实现 NbS 的具体操作路径。

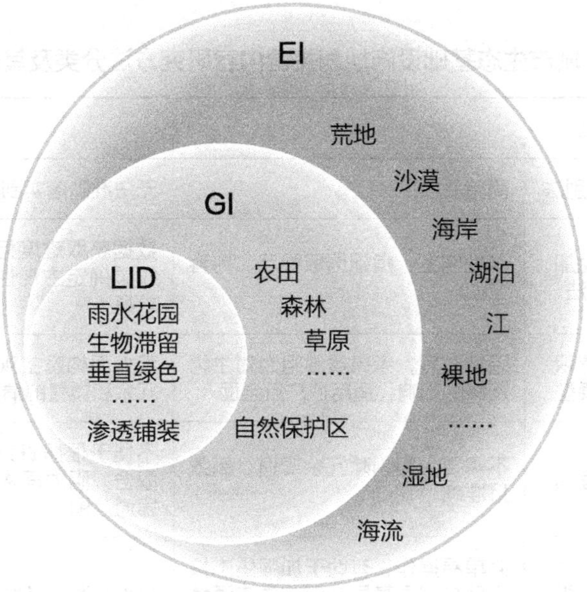

图 3-2　EI 与 GI、LID 的联系

3.4　生态基础设施规划方法

生态基础设施规划是一种以满足城市未来的资源需求与可持续发展为目标的具有战略性的城市规划方法，旨在通过将自然与半自然生态基础设施重新协调、配置与规划，构建生态基础设施网络体系，以维护、增加与改善城市生态环境与物质资源，这对在人类活动密集的地区恢复景观的连通性并维持或增强生态系统服务能力十分重要。现有关于生态基础设施网络构建的研究主要集中在理论框架构建和评价指标体系优化。20 世纪 80 年代，哈佛大学 Forman 教授提出“斑块、廊道和基质”是生态网络的基本要素。目前，“基质—斑块—廊道”理论已成为构建生态基础设施网络的基本范式。因此，本书在辨析生态基础设施相关概念、发展和演变历程的基础上，对生态基础设施网络的基本要素，即生态核心区、生态廊道与生态节点识别及其空间优化与构建等关键内容进行了归纳和总结（表 3-1）。对生态基础设施规划建设关键内容的研究方法的整合与归纳将有助于为城市生态基础设施建设与规划提供理论依据和参考。

表 3-1 城市生态基础设施规划关键内容研究方法分类及其优劣分析

关键内容	方法	优点	缺点
生态核心区	直接识别法	简单易操作	无法准确落实到具体空间位置和坐标
	因子叠加识别法	因地制宜、指标选取灵活、内容全面	数据获取难度相对较大；因子选取和权重确定主观性强；对研究者专业要求高
生态廊道	最小累积阻力模型	因地制宜，考虑景观阻力对生物迁移的影响，适用性广且全面	阻力面构建主观性强，识别廊道存在冗余和重叠的情况
	电路理论	不需要人为剔除冗余廊道，高效且准确	不便于根据研究区实际情况进行廊道取舍；阻力面构建主观性强影响生成廊道范围
	水文分析	简单易操作，有助于加强生态核心区与周围基质或潜在生态源地的连通性	最小耗费路径提取阈值设置主观性强
生态基础设施空间优化与构建	景观格局指数	选择重要、优先生态要素；针对性强，实用性高	对使用者综合要求高
	安全格局法	考虑多种生态功能，综合性强	表达结果多层次，描述主观性大
	热点分析	内容全面，综合型强；考虑生态格局的长期优化	计算过程烦琐，涉及的数据预测、阈值确定等主观性强

3.4.1 生态基础设施网络基本要素识别

（1）生态核心区识别

“基质—斑块—廊道”理论已成为构建生态基础设施网络的基本范式。评价指标体系优化研究围绕着斑块、廊道和基质 3 个关键生态要素展开。具体来说，生态核心区的识别是最重要的一步。生态核心区是具有关键生态系统服务功能的生态空间，能够保障物种多样性，并提供高质量的生态系统服务。因此生态核心区域必须是严格保护的优先区，不宜进行大规模的城市开发建设。一般来说，生态核心区的识别方法主要有直接识别法和因子叠加识别法两种。

早期的研究大多直接选择大型生态斑块和自然保护区作为生态核心区。例如，

Weber 等对美国马里兰州进行生态基础设施分析时将敏感物种栖息地、林地、河流湿地以及自然保护区等直接识别为生态核心区。此外，直接将野生动植物或是稀有和濒危动植物的集中分布区域列为生态核心区也是识别生态核心区的有效方法之一。根据直接识别法确定生态核心区对确保自然保护区、野生动植物栖息地的重要地位具有有效性。总体而言，直接识别法以保护生物多样性为目标，且具有简单明确、易操作的优点，但如何准确确定部分自然保护区、动植物栖息地的边界位置及其具体坐标等问题尚待解决。

随着社会经济发展，生态核心区的识别逐渐开始由以保护生物多样性向协调自然生态系统和社会经济发展的方向转变。因此，生态核心区的识别也有简单的选取向多因子叠加提取发展。通过建立一个综合的指标体系来识别生态核心区是一种新趋势，采用的指标包括生态系统服务重要性、生态敏感性、生境重要性、生态安全性等维度。其中，生态系统服务重要性、生态敏感性是大多数研究者首要考虑的指标。例如，Chen 等、Xu 等基于生态红线理论方法建立了一套用于衡量生态系统服务功能重要性和生态脆弱性、生态敏感性等指标的统一框架和标准，分别确定了长江经济带湘江流域的生态核心区的空间分布；Hou 等构建了基于生产、生活和生态三生空间角度的生态系统服务和生态敏感性生态核心识别指标体系对黄土高原开展研究；俞孔坚等基于水源涵养、洪水调蓄、沙漠化防治、水土保持、生物多样性保护等将生态功能极重要区划定为生态核心区；彭建等选取并定量评估了粮食供给、产水、土壤保持、生境维持和近水游憩 5 种生态系统服务以识别生态核心区等。然而，这些指标的选取侧重考虑生态系统本身的功能特征，忽视了城市生态系统中容易受到人类活动干扰这一关键问题。

为了将城市发展过程中不同规模的生态恢复措施、城市韧性提升举措等整合到生态核心区识别指标体系中，研究者开始展开构建兼顾生态—社会—经济等多视角的综合性评估指标框架。一些研究者通过压力—状态—响应（Pressure-State-Response，PSR）模型、DPSIR 模型构建生境重要性、生态安全性等维度指标体系识别关键的生态空间作为生态核心区。例如，Han 等提出了一种基于 PSR 模型整合了景观、生态、GIS 分析构建生态核心区评价框架，并在江苏长江经济带中得到了应用；Pei 等基于 PSR 模型构建了北京市生态安全指标体系，采用综合指数法对北京市的生态安全进行评价，并选取生态安全性等级较高的区域作为生态核心区。但 Zhao 等认为 DPSIR 模型能够更全面地描述人类自然生态系统，并为评估生态系统安全性和韧性提供良好的基础。因此，吴茂全等通过构建 DPSIR 模型评估区域生态安全，并基于评估结果识别生态核心区；Ruan 等基于 DPSIR 模型建立了一种新的综合评价模型，以对长江三角洲地区旅游生态安全进行评估，从而识别旅游生态核心区域。Pinto 等将河口地区作为研究对象，通过将生态价值、水资源利用和生态系统服务等指标纳入 DPSIR 概念框架，评估河口具有重要资源优势的核心区域。

综合对比以上两种识别方法，本书发现一般来说具有较高生态价值和较高生态敏感性、生态脆弱性的区域是生态核心区识别的首要区域，这些区域也多位于自然保护区、风景名胜区等野生动植物栖息地。但随着城市发展，仅考虑生态系统本身自然性是不够的，城市对恢复生态安全、城市韧性的举措不容忽视。此外，不难发现，直接识别法比多因子叠加法分析过程更加简单明了和易于操作。但直接识别法难以准确确定相应保护范围的具体空间位置和地理坐标，一定程度上难以保障生物多样性保护的有效性；另外，多因子叠加方法弥补了直接识别法的缺陷，根据构建的多个指标体系，可以综合全面且因地制宜地识别生态核心区，明确核心区的具体空间坐标以及范围大小。但是指标筛选及其权重确定主观性很强，需要具备较为扎实的专业基础方能做出准确的判断，得到相对科学的评估结果，这对研究者要求相对较高。

（2）生态廊道识别

受人类活动和自然因素的干扰，生态核心区多数呈岛屿式的非连续分布状态。因此有必要在生态核心区识别的基础上，提取生态廊道构建完整的生态基础设施网络，从而实现对生态系统过程与功能的完整和连续性保护。生态廊道的构建主要以“斑块—廊道—基质”理论为基础，最小累积阻力模型、水文分析以及电路理论进行廊道走向的模拟已成为生态廊道提取的主要方法。为解决空间异质景观中的廊道模拟问题，大多数研究者采用最小累积阻力（Minimum Cumulative Resistance，MCR）模型，该模型具备综合考虑土地利用景观单元之间的联系，考虑了景观阻力对生物迁移的影响。张美丽等、邓金杰等、郭纪光等分别对河北省阜平县、深圳市、上海市等地区使用最小累积阻力模型提取生态核心区之间的最小成本路径以确定生态廊道。但基于 MCR 模型确定的生态廊道只能确定生态核心区之间的最小耗费路径走向，并且存在冗余且重叠的现象。电路理论因其不需要人为剔除冗余廊道而高效的优势也得到部分研究者的青睐。例如，Luo 等使用电路理论模拟生态核心区之间的流动方向，识别生态廊道。水文分析模型常被广泛应用于确定生态廊道中具有重要连通作用的关键生态廊道和生态节点。例如，Fu 等应用水文分析方法获得具有最小成本阻力面的山脊线，并将最大路径与最小路径的交点确定生态节点。更有学者结合 3 种识别方法的优缺点进行县域生态廊道与生态节点的识别。

此外，生态廊道的宽度和构成是保证其有效性的关键，一般来说，生态廊道的宽度越大，其连通性与栖息地质量越好。但是，由于城市土地资源稀缺，生态廊道的建设不仅要考虑生态效益，还要考虑经济发展对空间的需求。因此，设置合理的城市生态走廊宽度尤为重要。确定宽度的主要方法可以分为定性的经验判断与定量分析两大类。大部分研究者从生态廊道功能入手，如基于目标物种保护、防洪、防止农业营养物质流失以及文化遗产保护和游憩等功能来确定生态廊道的宽度。部分学者基于定量分析确定廊道宽度，例如，Peng 等提出将空间连续小波变换与核密度估计相结合，客观地识别像北京这样的特大城市生态廊道的宽度阈值的定量分析方法，具体来说，通过蚁群算法与核密度估计提取生态廊道范围，再基于空间连续小波变换优化生态廊道宽度阈值。

加强生态廊道的连通性，对促进离散生态源地之间的联系，有效维护生物多样性、防止生态系统退化和生物多样性丧失具有重要作用。但现有的生态廊道识别方法各有优缺点，基于 MCR 模型或电路理论容易具有较强的主观判断，从而导致生态廊道具有不同的空间范围，水文分析方法识别的廊道多为生态廊道辐射道，对加强生态核心区与周围基质以及潜在生态源地的连通性具有重要作用，但最小耗费路径提取阈值设置具有较强的主观性。

3.4.2 生态基础设施网络构建与优化

如何优化生态基础设施关键景观要素之间的连通性，提高生态基础设施网络连通性，改善生态流的连通效率是一个值得关注的问题。景观格局指数、安全格局以及热点分析等方法被广泛应用于生态基础设施优化。这些方法本质上是对生态核心区和生态廊道、节点空间布局的优化。

景观格局指数基于图论理论，其核心思想是将景观抽象为由点、线、面组成的网络结构，使用生态核心区斑块数量、斑块大小、密度、景观连通性和其他景观指标来量化网络的有效性和连通性，然后选择最优解来确定生态核心区与生态廊道。在图论的应用中，一般认为连通性高的区域在整个生态网络中能发挥更好的作用。例如，Zhao 等通过使用景观格局指数分析了生态格局的连通性和完整性，为生态格局网络结构优化提供了基础。Shi 等基于形态空间格局分析（Morphological Spatial Pattern Analysis，MSPA）方法，将 MSPA 使用像素作为计算单位，以识别对生态网络景观的整体连通性具有重要影响的区域，如核心区域和桥接区域。许峰等基于景观生态学理论，通过评估景观要素的整体连通性、可能连通性和斑块重要性等景观指数来优化生态格局。Honeck 等基于生物多样性分布、生态结构和连通性以及生态系统服务，使用分区软件（Zonation）进行层次优先级评定以识别生态核心区从而达到优化生态网络结构的目的。

生态安全格局方法综合考虑生态用地生态价值等，以及建设用地扩张和耕地保护的外部阻力，为完成区域生态空间优化和管理调控提供了思路和参考。生态安全格局基于生态系统结构和过程的完整性，提出在区域空间实施的生态问题缓解策略，优化城市空间结构。在城市尺度，Cui 等从社会公平角度出发通过识别和提取生态源地和生态廊道，进行生态敏感性评估、最小累积阻力模型和缓冲分析，构建并优化生态安全格局，从而更好地保障了当地居民享有生态空间的社会公平性；在宏观尺度上，Shi 等以黄河平原为例，利用 Graphab 软件，基于整体景观异质性分析、形态网络格局分析（MSPA）和结构方程模型对生态安全格局进行了优化；Chen 等在关中平原城市群提出城市群尺度生态安全格局划分的技术框架，优化城市群的生态—生产—生活空间，从而实现城市群空间的合理利用，实现经济发展与环境保护的“双赢”。

在生态安全格局构建方法成熟的基础上，热点分析方法开始应用于空间优化。热点分析方法广泛用于社会经济和生态环境评估，其基本原理是识别热点、冷点区域，其中热点和冷点分别代表具有统计意义的高价值和低价值的空间聚集区。与生态安全格局方法相比，热点分析的突出优势在于它考虑到了决策者的不同目标，提出了一种长期优化策略。例如，Hou 等、Shu 等均以中国黄土高原区域为研究对象，采用热点分析方法提出了不同的生态空间格局策略以优化空间格局。

综上所述，生态基础设施空间优化方法各有优劣。景观格局指数使用图论方法，确定生态核心区和生态走廊优先级，保障生态系统的完整性和稳定性，具有针对性强，实用性高的优势。但该方法对使用者专业综合能力要求较高，并且优先确定的生态核心区以及生态廊道结果可靠性有待验证。生态安全格局方法综合考虑了多种生态系统服务功能，并有效整合了生态核心区、生态廊道适宜面积与空间分布，对保护生物多样性和维持生态系统稳定具有重要意义。但基于生态安全格局方法得到的结果层次复杂，使用者描述主观性强；同时对阈值和阻力值的选择也有较大的主观性。热点分析方法的优点在于综合多种生态功能，最重要的是可以提出多种方案并预测未来。但是该方法涉及的计算过程复杂，并且数据预测及方案选择等方面具有较强的主观性。

第4章

生态基础设施效益评估方法

4.1 EI建设效益评估指标体系

4.1.1 可持续发展背景下的EI

EI是区域自然运行的生态系统，为人类提供有价值的服务，如水和气候调节、土壤改善和缓解灾害风险等，包括健康的山地集水区、河流、湿地、海岸沙丘、自然栖息地节点和廊道，在景观中形成相互连接的结构要素网络。

通常EI通过具有成本效益的长期解决方案（EI措施建设）来提供服务，这些解决方案可以是新建EI措施，有时也可以是通过改造已建成的基础设施来解决。因此，EI对提供服务和支撑社会经济可持续发展十分重要。

结合EI的发展脉络，本书所述EI为维持、改善和增加城市生态系统服务的自然和半自然系统（图4-1），由一系列条件（生态和人工）和生态过程组成，是保障城市可持续发展必不可少的基础设施。其中，条件特指组成系统的自然和半自然物理结构，即包括山、水、林、河、湖、草、湿地、海岸等在内的自然形态，也包括农田、植草沟、人工湿地、雨水花园、绿色屋顶等在内的半自然形态。生态过程是指发生于系统内部的相互作用，如物质迁移、营养循环、初级生产、分解等。

根据组成结构及其特征，EI可以划分为绿色、蓝色、蓝—绿色和棕色4类：①绿色EI主要是指有植被覆盖和具有陆地生态特征的自然和半自然设施，如绿地、森林、农田、绿色屋顶、垂直绿化等基础设施，主要提供改善空气质量、调节微气候、维持生物多样性、提供动物栖息地和美化景观等生态系统服务；②蓝色 EI 与水有关，如湖泊、溪流、海洋、人工运河等，在水质净化、促进水循环、地下水补给等方面起着重要作用；③蓝—绿色 EI 兼具陆地和水生生态结构和功能，如湿地、洼地、生物滞留池、雨水花园等，既具有调节微气候、维持生物多样性等绿色基础设施的功能，又具有水质净化、促进水循环等蓝色基础设施的功能；④棕色 EI 包括裸土、裸地等特殊的陆地生态结构，其没有植被覆盖，也没有水生特征，生态功能相对较少，但也参与生物地球化学过程和地下水渗透补给等物质和能量交换。

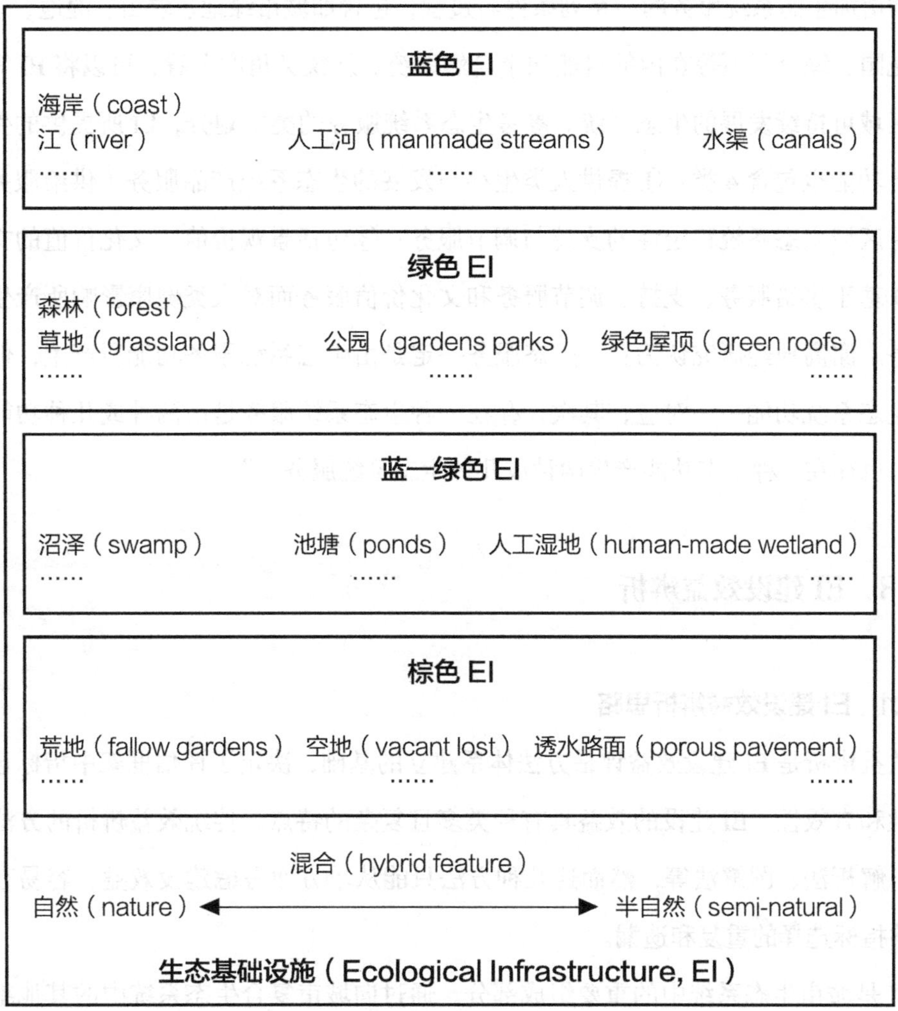

图 4-1 EI 概念及其构成要素

EI 具有功能上，协同水、土、气、声、风全要素维持、改善和增加区域生态系统服务；空间上，多尺度、跨层次的蓝—绿—棕空间网络维护生态安全格局；构成要素上，自然和半自然相融合的特点。

4.1.2 EI 生态系统服务功能划分

EI 建设效益是通过向区域及其居民提供的生态系统服务来实现的。因此，开展 EI 生态系统服务功能辨析有助于明确 EI 效益评估指标的选取。本书所述 EI 是指维持、改善和增加生态系统服务的一系列条件与过程，包含如城市绿地、农田、湿地、森林、雨水花园、绿色屋顶等在内的自然和半自然系统。从狭义角度上看，可以将 EI 等同于支持区域可持续发展的生态系统。参考生态系统服务的类别划分，EI 所提供的生态系统服务功能也包含 4 类：①提供人类生存与发展的生态系统产品服务（供给服务）；②维持区域生态系统稳定性的支持与调节服务；③包括景观价值、文化价值的文化服务；④基于供给服务、支持、调节服务和文化价值服务而对人类健康影响所产生的间接服务。谢高地经研究认为："生态服务一定是由生态系统服务功能所产生，但不一定与生态系统功能一一对应；其次，存在一种生态系统服务是由两种或几种功能共同产生，也存在一种生态功能产生两种或几种生态系统服务。"

4.1.3 EI 建设效益辨析

4.1.3.1 EI 建设效益辨析思路

效益辨析是 EI 建设效益评估方法体系建立的基础，决定了评估框架中指标选择的科学性和有效性。EI 建设的效益具有种类多且复杂的特点。传统效益辨析的方法有列表法、解析法、图解法等，然而这几种方法只能从单方面考虑建设效益，容易存在效益评估指标选择的重复和遗漏。

EI 是城市生态系统中的重要组成部分，通过向城市复合生态系统中的其他组分提供生态系统服务，从而产生生态系统服务功能与效益。为全面分析 EI 建设的功能效益，避免对评估效益的放大、重复或遗漏，本书创新地利用城市描述性框架和城市复合生态系统中的生态系统服务供给—需求理论，分析 EI 在城市生态系统运作过程中的地位、与城市哪些生态系统组成成分发生相互作用、提供了哪些生态系统服务，以及最终产生了哪些功能效益，如图 4-2 所示。

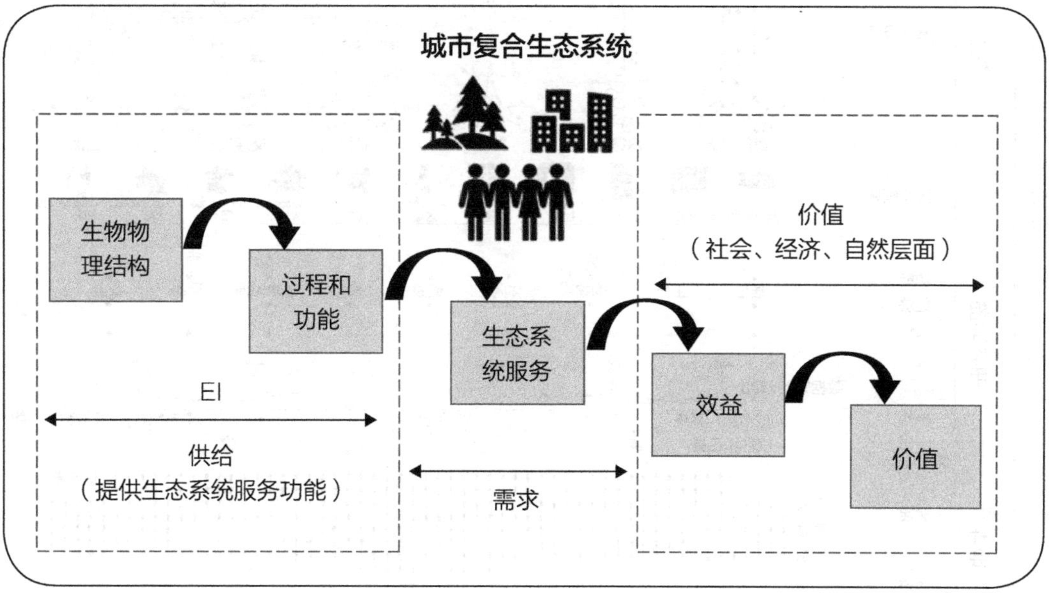

图 4-2 EI 效益辨析思路

4.1.3.2 城市描述性框架

城市描述性框架（以下简称描述性框架）又被称为城市解剖学，是通过类比人体解剖学及人体动态生理机能构建的一套跨时间、跨文化、可拓展且通用的，用于描绘城市的语言（见图 4-3）。描述性框架是 ISO 为响应联合国、世界银行等国际组织及世界各国对城市可持续发展标准化的需求，于 2012 年制定并于 2019 年颁布的一项国际标准——ISO 37105 Sustainable cities and communities— Descriptive framework for cities and communities，旨在为城市利益相关者提供一套用于描绘城市的共同语言，从而促进城市内部、城市间概念、数据和问题解决方案的共享。为推进我国城市可持续发展，基于等同采用法转化，我国国家市场监督管理总局联合国家标准化管理委员会颁布并实施《城市和社区可持续发展 城市描述性框架》（GB/T 41151—2021）。

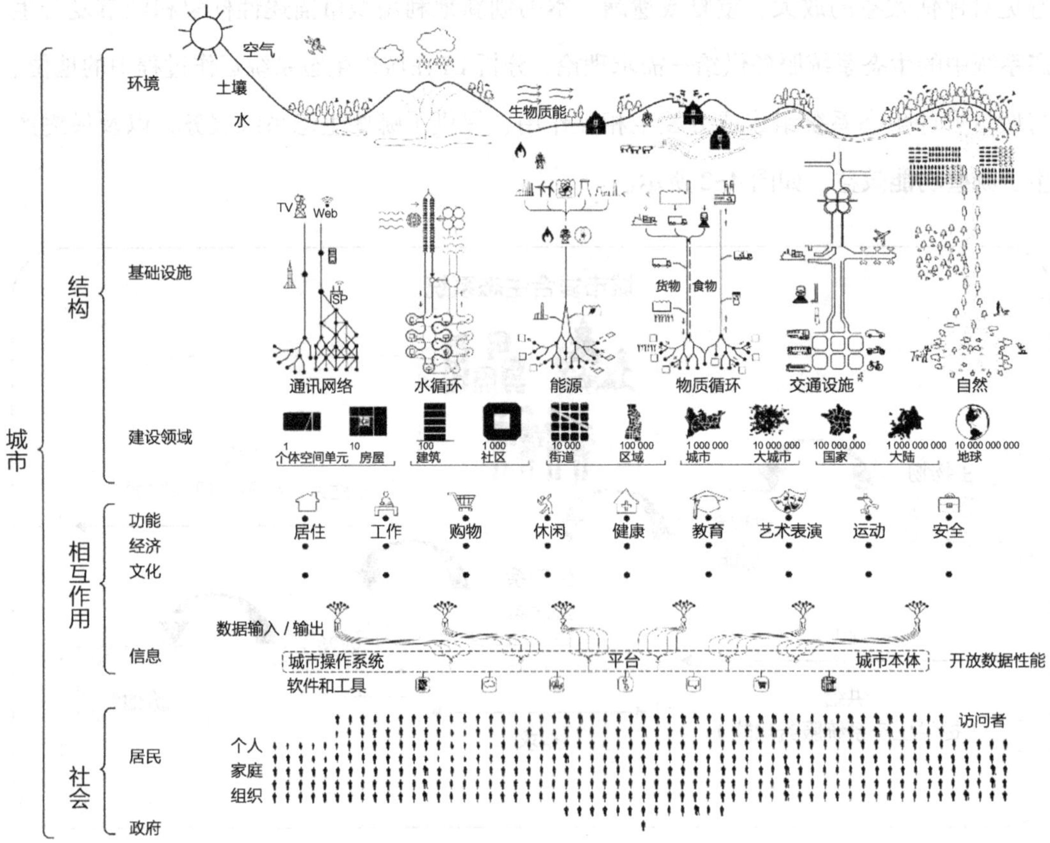

图 4-3　城市的描述性框架

资料来源：《城市和社区可持续发展　城市描述性框架》（GB/T 41151—2021）。

城市是一个复杂的多系统的系统集合，或称为城市生态系统。早在 1984 年，为协调人与自然的关系，推动城市可持续发展，马世骏与王如松就在国际上首次提出了社会—经济—自然复合生态系统理论，并指出城市与区域是以人类行为为主导、自然环境为依托、资源流动为命脉、社会文化为经络的社会—经济—自然复合生态系统。该理论将城市生态系统划分为 3 个子系统：①社会子系统，由人的观念、体制及文化构成；②经济子系统，指人类主动地为自身生存和发展组织有目的的生产、流通、消费、还原和调控活动；③自然子系统，指水、土、气、生、矿及其间相互关系构成的人类赖以生存、繁衍的生存环境。这 3 个子系统既有各自运行的规律，又是相互作用的整体。

不同于"社会—经济—自然复合生态系统"的以生态整合为核心，描述性框架更注重城市系统的整体性，认为城市系统既包括区域内的生物（主要是人）和环境（自然环境和物理空间环境），也包括城市系统内发生的相互作用（系统内部或系统间）。基于城市解剖学理论基础，描述性框架将城市生态系统进行了重新划分，包含 3 个系统：①城市生态系统中的物理结构（结构系统）；②生活在物理结构中的生命实体（社会系统）；③生态系统中的相互作用（相互作用系统）。如图 4-3 所示，结构系统是指所有构成城市系统的物理结构，根据其性质又可进一步划分为环境子系统、基础设施子系统和人居建设空间子系统。城市生态系统中多系统间及系统内部会发生相互作用，这些相互作用被视为城市活动，从而构成相互作用系统。相互作用系统又可分为功能子系统、经济子系统和文化子系统。最后，社会系统主要指城市系统中的人，根据行政角色可划分为公民和政府。

在城市解剖学理论中，所有组成城市系统的组成成分被简称为城市解剖学本体（City Anatomy Ontology，CAO）。因此，城市生态系统可分为多系统层级，而多系统层级又由本体组成，且城市生态系统内的各系统层级间和系统层内部会发生相互作用，如图 4-4 所示。

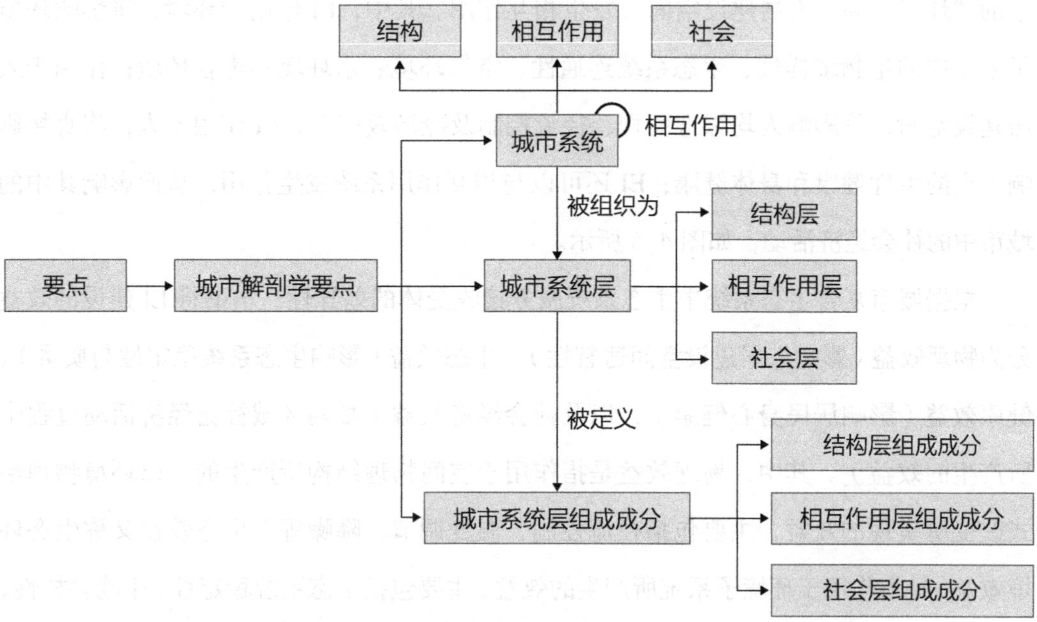

图 4-4 从系统科学角度描述城市系统集合的主要 CAO 实体及其关系

资料来源：《城市和社区可持续发展 城市描述性框架》（GB/T 41151—2021）。

描述性框架为全面描述和分析城市提供了一种全新的方法，也为EI的生态系统服务辨析提供了新的思路。

4.1.3.3 基于城市描述性框架的EI效益辨析

目前，国内外EI建设功能效益系统辨识的研究较少，集中在对径流控制、径流峰值削减、面源污染控制等效益的评估方法研究。近年来的研究中也增加了对经济效益和社会效益的辨识分析，但存在评价指标选取杂乱且缺乏系统性、效益划分不统一（如生态效益和环境效益），以及经济效益与效益经济价值量化混淆等问题。本书在明确EI概念与内涵的基础上，基于城市描述性框架，剖析EI建设在城市复合生态系统中的地位；并通过分析EI与其他城市系统组成部分间存在相互作用，辨析EI建设的功能效益类型，及其评价指标。最后根据功能服务的接受方，重新划定EI建设效益类别。

基于城市可持续发展背景下EI概念与内涵，结合城市描述性框架理论中对城市复合生态系统组成成分的划定，可知EI属于城市生态系统中的结构系统，且与结构系统中的“环境”和“人居建设空间”发生相互作用。其中，EI作用于环境，将影响环境子系统中的生物多样性、生态系统连通性、空气环境、水环境和声音环境；作用于人居建设空间，将影响人均绿地面积、径流控制及冷岛效应等；EI作用于人，将直接影响人们的生理健康和身体健康；EI还可以与相互作用系统发生作用，从而影响其中的城市中的社会经济活动，如图4-5所示。

根据城市复合生态系统中生态系统服务接收受体的差异性，本书将EI建设的效益分为物理效益（影响人居建设空间适宜性）、生态效益（影响生态系统稳定性与质量）、健康效益（影响居民身心健康），以及社会经济效益（影响区域社会经济活动过程中所产生的效益）。其中，物理效益是指作用于空间物理结构所产生的，以环境物理形式改变所呈现的效益，主要包括径流控制、温度调节、降噪等；生态效益又称生态环境效益，是指作用于环境子系统所产生的效益，主要包括生态系统稳定性、生物多样性、固碳释氧、连通性、水质指标、空气质量等；健康效益主要是指EI建设对人所产生的心理和生理服务。描述性框架中的相互作用子系统是指在城市生态系统中结构子系统

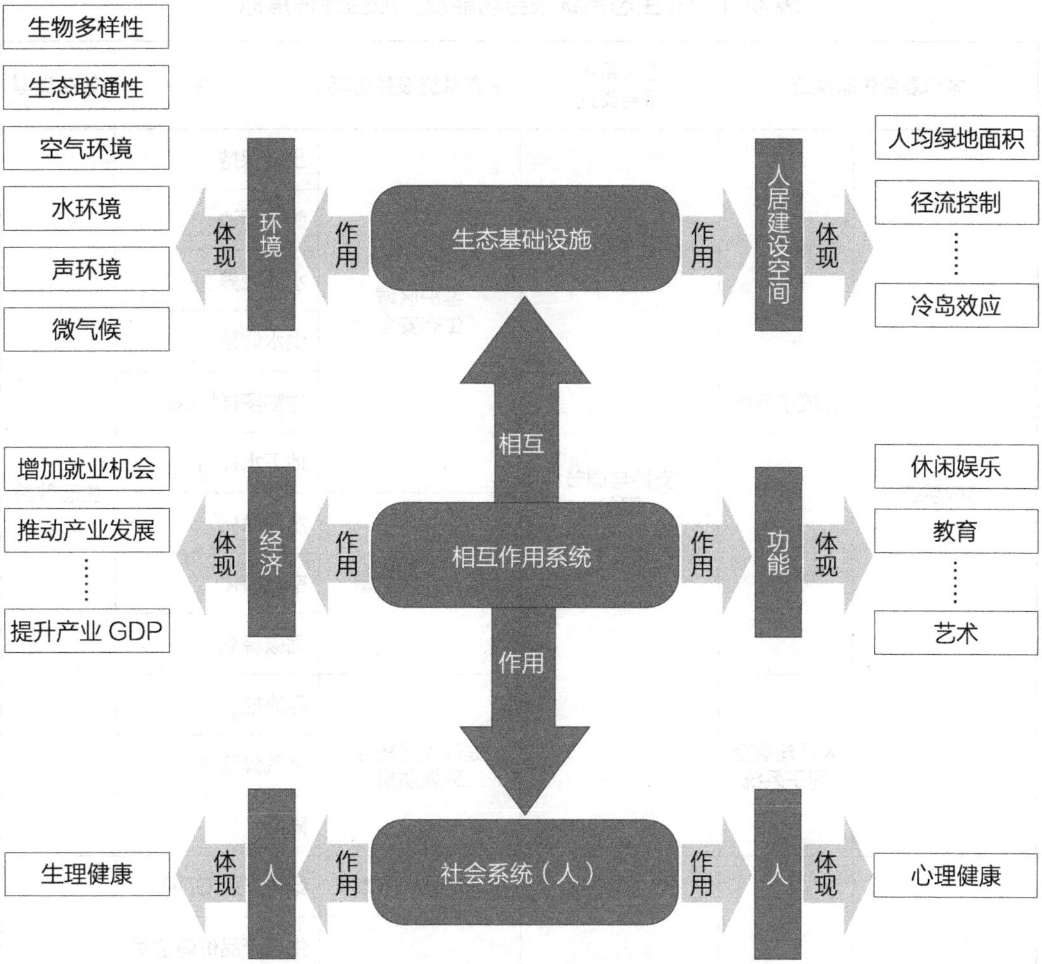

图 4-5　基于城市描述性框架的 EI 效益辨析

和社会子系统相互作用产生的社会功能、经济与文化，本质上与“社会—经济—自然复合生态系统”中的社会性质相同，即我们传统认知中的社会，因此本书将相互作用子系统所接收的服务称为社会经济效益，主要包括增加就业机会、提升产业 GDP、增加休闲娱乐、教育和艺术功能等。

表 4-1 EI 生态系统服务功能及其效益评估指标

城市复合生态系统		生态系统服务类别	生态系统服务功能	效益	效益类型
结构系统	环境子系统	支持与调节服务	维护区域生态安全	土壤保持	生态效益
				防风固沙	
				水源涵养	
				洪水调蓄	
				生物多样性保护	
				地下水补给	
			提升环境质量	水质净化	
				空气净化	
				固碳释氧	
	人居建筑空间子系统		提升人居物理环境质量	径流控制	
				微气候调节	
				降噪	
相互作用系统（社会经济活动）	经济、功能、文化子系统	供给服务、文化服务	拉动区域经济增长	绿化产业 GDP	社会经济效益
			提供物质产品	生态产品价值总量	
				生态能源总量	
				水资源再利用量	
				节能降耗	
		文化服务	提升景观价值	休闲娱乐	
				土地增值	
社会系统	人	间接服务	提升居民健康水平	公众健康	健康效益

4.2 多尺度 EI 建设效益评估方法体系

4.2.1 多尺度 EI 效益划分的必要性与意义

EI 是多尺度、跨空间的自然与半自然系统，包含所有绿道网络、蓝色网络、蓝一绿空间和土壤，即传统意义上的山、水、林、田、湖、草，以及依托自然所进行改造的半人工生态设施。从生态空间尺度上出发，EI 是由无数个独立的 EI 建设措施（斑块、节点、核心区、廊道等）所组成的生态网络。因此，微观尺度，EI 措施建设核心在于实现的功能效益，如径流控制、水质净化、休闲娱乐等，同时其建设成本往往易获得。随着尺度的扩大，EI 网络结构逐渐形成，通常包括较小的核心区和廊道，用于支持和服务区域人居环境质量，并影响区域的社会经济活动。而宏观尺度 EI 设施则包含空间尺度内部的所有 EI 措施，其综合的效益评估工作不但烦琐，而且数据获取难度大。因此，有必要对其效益评估工作进行减量化。

多尺度 EI 空间大小的划分还有利于明确谁评估、谁负责、谁管理、谁获得奖励等问题。根据空间尺度大小，宏观尺度 EI 的评估管理通常在省级及以上职能部门，虽然通常是由下辖职能部门具体负责，但需要从国家安全格局的角度出发，考虑区域生态环境可持续发展战略。中观尺度 EI 的评估管理通常是市级相关职能部门。与宏观尺度 EI 评估管理相同，通常是市级以下具体职能部门参与评估与管理工作，市及职能部门向上要接收来自国家和省级单位的大方向，向下需要结合自身社会、经济、自然特点，规划、管理与评估区域生态环境。不同于宏观和中观尺度，微观尺度 EI 的效益评估者根据 EI 建设的大小、性质而定。对于公园、步道等公共开放空间，EI 的管理者通常为区域政府相关职能部门，但具体的管理工作可能会外包给相关公司，职能部门则需要对其效益进行具体考核。但私人空间的 EI 建设，其效益的考核往往是个人，也可能是承包或委托的公司、物业等。具体如图 4-6 所示。

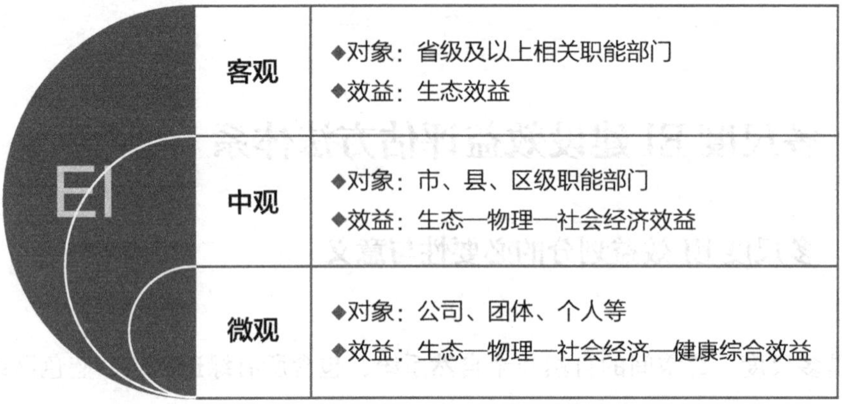

图 4-6 社会系统 EI 效益评估方法体系指南

4.2.2 多尺度 EI 建设效益评估指标体系构建

4.2.2.1 多尺度 EI 建设效益评估指标体系构建原则

多尺度 EI 建设效益评估指标体系的确定遵循以下 3 个原则：

①系统性原则，即效益评估指标体系应可用于系统、科学地反映不同尺度下的 EI 效益。

②数据可得性原则，即效益评估所需要的基础数据是可测量的或者是可以通过多种途径获得的。

③方法可行性原则，即效益评估的方法是可实现的。

4.2.2.2 多尺度 EI 空间划分

EI 是多尺度、跨层次的生态空间网络。借鉴 GI 在空间上的尺度划分经验，本书将 EI 划分为如表 4-2 所示的 3 个空间等级，即宏观、微观和中观。其中，宏观尺度是指国土、省、大流域、城市群及区域尺度。该尺度下的 EI 建设核心目标是保护国土及区域尺度的生态安全格局，维护大尺度的生态结构和过程的完整性，从而实现区域生态环境问题的有效控制和持续改善，以保障国家和区域的生态安全。微观尺度为场地、单个或多个 EI 建设，主要是通过基于自然的解决方案技术，开展具体场地的生态恢复或提升改造，如公园建设、绿色屋顶、墙面绿化改造等，从而提供居民生产和生活所需的生态系统服务能力。中观尺度是指介于宏观与微观之间的空间尺度，包括城市、区、县等，通常生态系统服务功能的作用对象为城市中的物理生态环境及居住在区域中的人。生态系统服务功能价值的体现包括直接价值和间接价值。因此，中观尺度的 EI 建设目标——在确保宏观尺度 EI 结构完整性和联通性的基础上，修复城乡景观和城乡生态网络，从而确保区域生态系统完整性和结构联通性，改善城市人居环境，缓解区域人与自然矛盾。通常情况下，可以认为宏观尺度 EI 的管理者为国家生态环境部门；中观尺度 EI 的管理者为城市生态环境部门；而微观尺度 EI 的管理者可以是个人、组织、公司或区、县、镇生态环境部门，具体依照场地大小规模和等级而定。

表 4-2 EI 多尺度划分

类别	空间尺度	核心目标（需求）	方法	构成要素	核心功能服务
宏观	国家与区域（省、城市群、大流域）	保护国土及区域的生态安全格局	生态核心区、廊道及其生态网络的保护和恢复	国家自然生命支持系统：自然森林、河流廊道、湿地、湖泊、沙漠、草原、农田、自然保护区、风景名胜区、国家公园、水库等	江河区水源涵养、洪水调蓄、沙漠化防治、水土保持、生物多样性保护、固碳释氧、气候调节等
中观	城市和社区	修复城乡景观和生态安全网络格局，改善城市人居环境，促进人与自然和谐共生	自然—人工复合生态系统的恢复和重建	城市内部的蓝—绿空间网络：绿地与公园系统、开放空间系统、河流水系、湿地、都市农业、草地与林业系统、城市生物栖息地系统、绿道与慢性系统等	城市与居民的人居环境服务：缓解城市洪涝灾害、水体污染防治、缓解城市热岛、生物栖息地保护、提供空气质量、提供游憩、审美、文化认同与精神启发、推动产业发展、增加就业机会等
微观	场地	恢复、改善或提高产地的生态系统服务能力	可持续的设计和生态修复技术	生态化的场地：河流湿地生态修复技术、生态防洪工程技术、生物栖息地恢复技术、立体绿化技术、雨水花园、生物滞留池、植草沟等	提升人居环境：生态修复、微气候调节、雨洪管理、提供游憩、审美、文化认同与精神启发、推动产业发展、增加就业机会等

注：以上内容来自文献梳理。

4.2.2.3 多尺度 EI 建设效益评估指标体系框架

如表 4-2 所示，不同空间尺度下 EI 的生态系统服务功能存在明显的差异。其中宏观尺度强调对整体生态安全格局的保护，即对自然生态环境的作用，可通过水源涵养、防风固沙、水土保持、物种多样性保护、固碳释氧等指标衡量；中观尺度侧重自然—人工生态系统稳定性，即对城市居民、人居建设空间、环境和经济—功能的影响，可通过景观联通指数、综合生境质量、开放空间可达性、固碳释氧、冷岛效应、径流控制率或城市地表不透水率、人均绿地空间等指标进行衡量；微观尺度则侧重可持续的设计和具体的功能效益，根据实际需求和场地而定，可通过公众健康、水质净化、径流控制、水资源再利用量、微气候调节等指标衡量。

然而，这些评估指标中既包括生态系统的支持服务，也包括生态系统产品功能、生态调节和生态文化服务功能。欧阳志云等认为，生态支持服务功能通常不被用于计算生态系统服务价值，其原因在于生态支持功能支撑了产品供应功能和生态调节功能，其价值已经体现在产品功能与调节功能中。如表 4-1 所示，EI 效益的产生可能来自一种生态系统服务，也可能来自几种生态系统服务。同时，一种生态系统服务功能也可能产生直接或间接的效益价值。健康效益就是通过物理效益、生态效益和社会经济效益反作用于人类身体和心理所产生的。但值得明确的是，除了被量化了的人类福祉，自然生态系统的福祉也是不容忽视的。

结合生态系统生产总值和 LID 效益计算经验，基于系统性、数据可得性、方法可行性原则，本书构建了如图 4-7 所示的 EI 建设效益评估指标体系。其中，在宏观尺度，EI 建设以生态效益为主，旨在对自然生态系统提供福祉，其评价指标由与生态安全格局有关的土壤保持、水源涵养、洪水调蓄和固碳释氧组成。在中观尺度，EI 建设主要体现在对城市、社区尺度的环境和人居建设空间的影响，以生态效益和物理效益为主，社会经济效益为辅。其中生态效益评价指标包含土壤保持、水源涵养、洪水调蓄、固碳释氧、空气净化等；物理效益则通过年径流控制总量、微气候调节评价；社会经济效益则由休闲娱乐和绿化产业 GDP 指标进行核算。在微观尺度，EI 建设的空间尺度较小或结构功能较单一，具有目的导向和数据可监测性的特点。因此，微观尺度 EI 建设效益评估包括生态效益评价（空气净化、水质净化及地下水补给）、物理效益（年径流总量控制率、降噪和微气候调节）、社会经济效益（建筑节能、土地增值和休闲娱乐）、健康效益（公众健康）。各评价指标及其评价方法详见表 4-3。

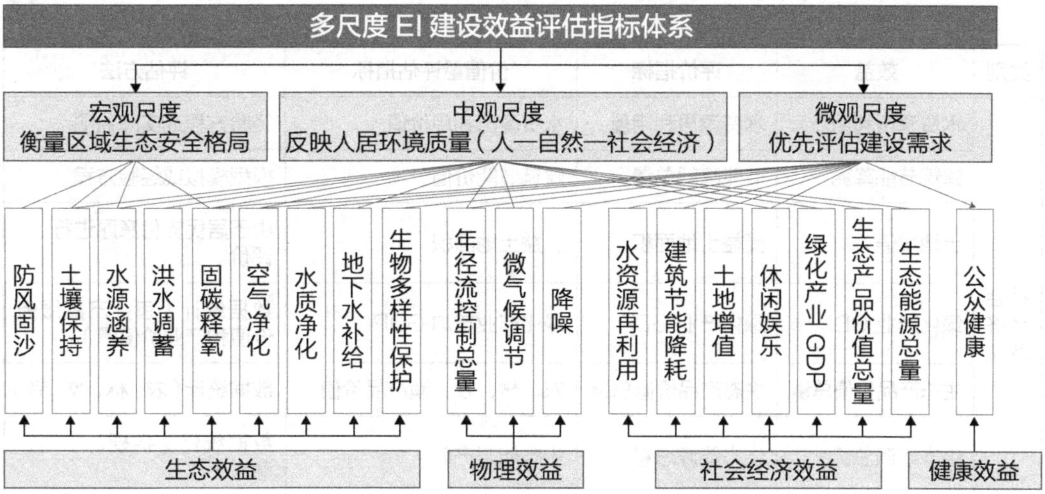

图 4-7 多尺度 EI 建设效益评估指标体系框架

表 4-3 EI 建设效益评估指标及方法

类别	效益	评价指标	价值量评估指标	评估方法
生态效益	土壤保持	土壤保持量	减少泥沙淤积价值 保肥价值	经验方程
	防风固沙	防风固沙量	固沙价值	经验方程
	水源涵养	水源含氧量	水源涵养价值	经验方程或模型模拟
	洪水调蓄	洪水调蓄量	洪水调蓄价值	经验方程或模型模拟
	固碳释氧	固碳释氧量	固碳价值 释氧价值	经验方程或实测
	空气净化	空气净化量	空气净化价值 负氧离子产生价值	经验方程或实测
	水质净化	水质净化量	水质净化价值	经验方程或实测
	地下水补给	地下水补给量	地下水补给价值	经验方程或实测
	生物多样性保护	生物多样性保护	物种保育价值	实地调查
	年径流控制总量	年径流控制总量	年径流控制总价值	经验公式计算或模型模拟
物理效应	降噪	降噪分贝	降噪总效益价值	经验方程
	微气候调节	微气候调节	植被蒸腾温湿度调节价值 水面蒸发温湿度调节价值	经验方程

续表

类别	效益	评价指标	价值量评估指标	评估方法
社会经济效益	水资源再利用	水资源再利用量	水资源再利用价值	经验方程或实际监测
	建筑节能降耗	节能降耗总量	建筑节能价值	模型模拟或经验方程
	土地增值	受益土地面积	受益土地面积	由于居民支付意愿进行评价
	绿化产业 GDP	绿化产业 GDP	绿化产业年均 GDP	数据统计（包括产品服务价值和产业价值量）
	生态产品价值总量	生态产品价值总量	农、林、牧、渔产品价值	数据统计（农、林、牧、渔）
	生态能源总量	生态能源总量	生态能源产值	数据统计（桔梗、水电、潮汐）
	休闲娱乐	休闲娱乐价值	景观游憩价值	数据统计和居民支付意愿
健康效益	公众健康	公众健康	精神服务价值	问卷调查（安全感、归属感和获得感）

4.2.3 宏观尺度 EI 建设效益评估方法

4.2.3.1 方法介绍

人口、资源、环境压力，已经大规模的城市化变革，为我国社会经济可持续发展提出了巨大的挑战。EI 作为维持、改善和增加生态系统服务的自然和半自然系统，其功能和目的与国土生态安全格局相似。本书所述 EI 的宏观尺度包括国家、省、城市群、大流域等，通常具有面积大、景观生态结构和空间组合复杂多样等特点，其核心在于保障国家级区域尺度的生态安全，防治日益严峻的生态环境问题。国土生态安全格局（security pattern，SP）是指国家与区域的自然生命支持系统，是由河流、湿地、林地、草原、野生动物栖息地和其他自然区域共同构成的相互连接的生态网络，以支持生物物种、维护自然生态过程、提供空气和水资源，提高居民健康和生活质量。因此，本书认为宏观尺度 EI 效益评估主要考核与国家、省、城市群、大流域尺度下，由 EI 所提供的生态安全服务功能价值。

4.2.3.2 评估指标

宏观尺度，EI 的核心目标是保护国土及区域的生态安全格局，以维护大尺度的生态过程，从而保障国家的生态安全，防治生态风险和灾害。早在 1915 年，美国景观规划师 Manning W. H. 就从国土尺度资源综合保护和利用战略的角度出发，开展了国土尺度的保护规划研究。2002 年，我国生态学者俞孔坚引入了 EI 的概念，并将其运用于国土安全格局中，并通过水源涵养、洪水调蓄、沙漠化、土壤侵蚀和生物多样性保护指标来分析格局中的脆弱性。马克明等认为区域生态安全格局概念的提出是为了适应生态系统恢复和生物多样性保护的发展需求，因此受空间格局配置、景观格局优化的影响，是保护和恢复多样性、维持生态系统结构和过程的完整性、实现对区域生态环境问题有效控制和尺度改善的区域性空间格局。大量研究结果显示，生态安全格局与生态网络中廊道、核心区、斑块的完整性和连通性紧密相关。考虑到数据的可得性和操作的简便性，本书选取代表区域生态安全格局的 4 个指标，即土壤保持、防风固沙、水源涵养、固碳释氧，用于评估宏观尺度 EI 效益，详见表 4–4。

表 4–4 宏观尺度 EI 建设效益评价指标

效益	一级指标	二级指标	数据及其来源
生态效益	土壤保持价值	土壤有机质保持	广东省气象站年均降水量（中国气象科学数据中心：http://data.cma.cn/wa） 土壤质地空间分布数据（资源环境科学与数据中心：https://www.resdc.cn/data.aspx?DATAID=145） 数字高程数据 DEM（地理空间数据云：http://www.gscloud.cn/search）
		减轻泥沙淤积	土地利用数据产品（GLOBELAND 30：http://globeland30.org/） Landsat 8（http://www.gscloud.cn/search） 土壤容重、理化性质栅格数据产品（国家青藏高原科学数据中心：http://data.tpdc.ac.cn/zh-hans/）
	防风固沙价值	防风固沙量	土壤侵蚀数据（地理监测云平台：http://www.dsac.cn/DataProduct/Index/200806） 气象数据（国家气象科学数据中心：http://data.cma.cn/wa） Landsat 8（http://www.gscloud.cn/search）
	水源涵养价值	水源涵养量	年均降水量栅格数据产品（资源环境科学与数据中心：https://www.resdc.cn/） 土地利用栅格数据产品（GLOBELAND 30：http://globeland30.org/） 年均陆地生态系统蒸散发量数据产品（中国生态科学数据中心：http://www.nesdc.org.cn/）
	固碳释氧价值	固碳量释氧量	2020 年生态系统净生产力（NEP）数据产品（PIE Engine 遥感计算云服务：https://engine.piesat.cn/engine-studio/dataset）

4.2.3.3 效益核算方法

（1）土壤保持量

①方法：土壤保持量指区域生态系统防止表土损失、防止养分流失和防止泥沙淤积的能力，通常采用土壤潜在侵蚀量与实际土壤侵蚀量的差值来表示。

②效益计算方程：

$$A_c=A_p-A_r \tag{4-1}$$

$$A_p=R\times K\times \mathrm{LS} \tag{4-2}$$

$$A_r=R\times K\times \mathrm{LS}\times C\times P\times（1-\varepsilon） \tag{4-3}$$

式中：A_c——土壤保持量，t /（hm^2 · a）；

A_p——潜在土壤侵蚀量，t /（hm^2 · a）；

A_r——实际土壤侵蚀量，t /（hm^2 · a）；

R——降雨侵蚀力指数，MJ · mm /（hm^2 · h · a），受降水量等因素的影响；

K——土壤可侵蚀性因子，t · hm^2 · h /（MJ · mm · hm^2），由土壤类型决定；

LS——地形因子或称坡长坡度因子，量纲一；

C——植被覆盖因子，量纲一；

P——土壤保持措施因子或土壤保持因子，量纲一，反映土壤流失量与顺坡种植时土壤流失量的比值；

ε——泥沙持留率，%，表示植被捕获和持留土壤侵蚀物的能力，参照表 4-5。

表 4-5 泥沙持留率（ε）

土地利用类型	ε / %	土地利用类型	ε / %
林地	60	水田	60
草地	40	园地	60
水域	2	城镇	5
旱地	50	裸地	2

③效益价值化：借鉴生态系统生产总值（GEP）核算方法，本书基于单位服务功能价格的方法，利用机会成本法、影子价值法和替代工程法，从保持土壤肥力和减轻

泥沙淤积两个方面，评估 EI 土壤保持效益 E_s（元）。

$$E_s=E_f+E_n \tag{4-4}$$

式中：E_f——土壤营养物质价值；

E_n——减轻泥沙淤积价值。

$$E_f=\sum_i A_c \times C_i \times P_i \tag{4-5}$$

式中：A_c——土壤保持量，t/（$hm^2 \cdot a$）；

C_i——土壤中的有机质含量，其中 i 分别代表氮、磷、钾；

P_i——化肥单价格，元/t，具体价值可参照《森林生态系统服务功能评估规范》。

$$E_n=24\% \times A_c \times \frac{P_w}{\rho} \tag{4-6}$$

式中：P_w——水库工程费用，根据《森林生态系统服务功能评估规范》，取值 6.11 元/m^3；

ρ——土壤容重，t/m^3，取值可参考表 4-6。

表 4-6　我国不同土壤的容重

单位：t/m^3

土壤类型	含义	平均值	中值
人为土	自然土壤经人类活动的影响改变了原来土壤的成土过程而获得新特性的土壤，包括农田	1.35	1.37
半水成土	在气候比较湿润的森林草原条件下发育而成的土壤	1.37	1.38
初育土	多分布于植被覆盖稀疏、土壤侵蚀严重的地区，干旱半干旱的沙漠地区	1.39	1.40
淋溶土	湿润土壤水分状况下，石灰充分淋溶，具有明显黏粒淋溶和淀积的土壤	1.28	1.33
半淋溶土	我国北方几类既有淋溶又有碳酸钙淀积的土壤的统称	1.28	1.32
铁吕土	湿润热带和亚热带地区，具有富铝化、富铁铝化和富铁化作用的土壤的总称	1.30	1.32
钙层土	我国温带和暖温带草原和干草原植被下，表层具有明显的腐殖质积累和土体中具有碳酸钙（镁）富积的土壤	1.35	1.36
盐碱土	土壤含有可溶性盐类，而且盐分浓度较高，对植物生长直接造成抑制作用或危害的土壤	1.41	1.40
高山土	青藏高原和与之类似海拔，高山垂直带最上部，在森林郁闭线以上或无林高山带的土壤	0.93	0.94
水成土	在地面积水或土层长期呈水分饱和状态、生长喜湿与耐湿植被条件下形成的土壤，典型代表包括沼泽	1.21	1.28

（2）防风固沙

防风固沙功能是生态系统通过植被及其根系，减少因大风所导致风沙危害的一种功能。在风蚀过程中，植被减少土壤裸露，对土壤形成保护，从而减少风蚀输沙量，还可以通过根系固定表层土壤，改良土壤结构，提高土壤抗风蚀的能力；植被还可以通过增加地表粗糙度、阻截等方式降低风速、降低大风风力侵蚀和风沙危害。

①方法：本书所述防风固沙量通过潜在风蚀量与实际风蚀量之差进行计算。

②效益计算方程：参照《生态系统评估　生态系统生产总值（GEP）核算技术规范》，防风固沙 Q_{sf} 量的计算见式（4-7）。

$$Q_{sf}=0.1699（WF \times EF \times SCF \times K'）^{1.3711} \times （1-C^{1.3711}） \qquad （4-7）$$

式中：WF——气候侵蚀因子，kg / m；

EF——土壤侵蚀因子，量纲一；

SCF——土壤结皮因子，量纲一；

K'——地表糙度因子，量纲一；

C——植被覆盖因子，量纲一。

具体参数可实测或来自参考文献。值得注意的是，防风固沙效益主要适用于西北部有沙漠化风险的地区，对于沿海及西南山区可以不考虑计算该参数。

③效益价值化：运用恢复成本法，结合单位面积沙化土地治理费用或单位植被恢复成本核算其价值 E_{sf}（元 /t）。

$$E_{sf}=\frac{Q_{sf}}{\rho \cdot h} \times c \qquad （4-8）$$

式中：Q_{sf}——防风固沙量，t/a；

ρ——土壤容重，t/m^3，详细参照表 4-6；

h——土壤沙化覆沙厚度，m；

c——单位治沙工程成本或单位植被恢复成本，具体数值根据不同地区生态现状有所不同，可由区域物价部门提供。

（3）固碳释氧

①方法：植被通过光合作用吸收空气中的 CO_2，释放 O_2。传统研究中，植被固碳释氧的能力测定主要为实验法（观测点的长时间序列监测），包括基于光合作用机理，

利用便携式光合仪（如德国 Li-Cor 的 Licor-6400）测算植物叶片光合速率值，并结合冠层分析仪进行冠层分析，从而通过数据分析获得个体植被的固碳释氧能力。该方法的时间成本大，仪器要求高，通常难以评估大尺度下生态系统的固碳释氧能力，但研究成果支撑了基于遥感影像的生态系统生产力研究。例如，孙中元等基于高分辨遥感影像，评估了森林的固碳释氧服务能力。温宥越基于 CASA 模型、碳税法和工业制氧法测算了粤港澳大湾区陆地生态系统演变对固碳释氧服务的影像。也有学者以美国林业署研制开发的 CITYGREEN 模型，评估了深圳市绿地净化空气与固碳释氧的效益。当前基于遥感数据的生态系统固碳释氧效益评估途径较多，可根据实际掌握的基础数据类型进行方法的选择。

②效益计算方程：结合植物光合作用中的物质转化可知，光合作用下，植被每产生 1 g 干物质将消耗 1.63 g 的 CO_2，并释放 1.19g 的 O_2。根据《森林生态系统服务功能评估规范》（LY/T 1721—2008），EI 的固碳量 G_{CO_2} 和释氧量 G_{O_2} 计算方程如下：

EI 的固碳量（t C / a）：

$$G_{CO_2}=44 / 12 \times A \times \mathrm{NEP} \tag{4-9}$$

式中：A——EI 的面积，hm^2；

NEP——生态系统净生产力，是净初级生产力 NPP 与异氧呼吸消耗量 HR 的差值，最早由 Woodwell 提出，tC/a。

44/12——CO_2 与 C 的摩尔质量比。

因此，EI 固碳量计算公式简化为

$$G_{CO_2}=3.67 \times A \times \mathrm{NEP} \tag{4-10}$$

EI 释氧量（t O_2 / a）：

$$G_{CO_2}=32 / 44 \times G_{CO_2} \tag{4-11}$$

③效益价值化：EI 固碳释氧效益价值 E_{ty}（元），

$$E_{ty}=E_tG_C+E_yG_{O_2} \tag{4-12}$$

式中：E_t——单位固碳价格，元 / t，具体值可参照造林固碳成本、工业碳减排成本、碳易市场价格或相关参考文献资料（根据瑞典碳税率，固碳价格可选择 1 200 元 / t）；

E_y——单位释氧价格，元 / t，具体值可根据市场价值法，参考医疗制氧价格（2007 年卫生部公布的春季氧气平均价格为 1 000 元 / t）。

其中，NEP 计算方式有两种方式：一是通过净初级生产力 NPP 减去土壤异氧呼吸量 HR，见式（4-13）；二是通过各省（区、市）NEP 和 NPP 的转换系数，见式（4-14）。

$$NEP=NPP-HR \tag{4-13}$$

或

$$NEP=\alpha \times NPP \times M_{C_6}/M_{C_6H_{10}O_5} \tag{4-14}$$

式中：α——NEP 与 NPP 的转换系数（参照表 4-7），量纲一；

$M_{C_6}/M_{C_6H_{10}O_5}$——换算系数，数值约等于 0.4。

表 4-7　不同土地类型的 α 平均值

土地类型	NPP /[gC/(m²·a)]	NEP /[gC/(m²·a)]	α	参考文献
落叶针叶林	338.60 ~ 482.48	109.25	0.23 ~ 0.32	Zhao et al.，2022
常绿针叶林	369.99 ~ 584.86		0.19 ~ 0.30	
针阔叶混交林	461.60 ~ 707.20		0.15 ~ 0.24	
落叶阔叶林	419.01 ~ 714.76		0.15 ~ 0.26	
草地（全国平均）	166.23	3.89	0.023	Chen et al.，2016
北方草地	148.33	13.61	0.091	
灌丛	406			王军邦，2004
荒漠	2.73			
农用地	622.44	551.39	0.89	

（4）水源涵养

①方法：水源涵养被公认为是生态系统服务的典型代表功能之一。根据提出的生态系统生产总值价值核算方法，水源涵养的计算根据其原理可分为基于水量平衡法和水量供给法。

②效益计算方程：基于水量平衡法，

$$W_f=R-I_w \times ER-O_w \tag{4-15}$$

式中：W_f——研究区内 EI 的总水源涵养量，m^3；

R——区域年降水总量，m^3；

I_w——区域入境水量，m^3；

ER——研究区年蒸发量，m^3；

O_w——出境水量，m^3。

基于自然资源部于 2020 年颁布实施的《资源环境承载能力和国土空间开发适宜性评价指南（试行）》中所提供的水量平衡法：水源涵养量数值等于区域降水量减去蒸散量和地表径流量。

$$W_f=R-ER-L_w \quad (4-16)$$

式中：L_w——区域内的总地表径流量，m^3，数值等于降水量乘以地表径流系数 δ。

$$L_w=R\delta \quad (4-17)$$

基于水量供给法：EI 水源涵养量可由研究区生态系统对本地区及下游地区的供水总量计算，即地区用水量与净出境水量之和：

$$W_f=(U_w-T_w)+(L_w-I_w)(1-\sigma) \quad (4-18)$$

式中：U_w——研究区用水量，主要为工业和生活用水，m^3/a；

T_w——跨流域调水量，m^3/a；

L_w——区域出境水量，m^3/a；

I_w——区域入境水量，m^3/a。

③效益价值化：采用替代工程法，EI 水源涵养效益价值量为

$$E_w=W_f\times P \quad (4-19)$$

式中：E_w——水源涵养价值量，元；

P——等效价值，据《森林生态系统服务功能评估规范》（LY/T 1721—2008），水库建设单位库容的投资约 6.110 7 元 / t。

上述公式中，降水量、地表径流量、蒸散量等数据可通过气象部门，以及相关文献或实测获取；用水量、区域出入境水量等数据则通过统计和水利部门获得。

（5）小结

宏观尺度层面，EI 是保障区域生态安全的重要屏障，基于面积大、生态系统结构

和功能复杂的特点，决定了宏观尺度EI效益评估多采用地理信息处理手段。虽然在一定程度上突破了传统评估方法在宏观尺度评估工作中的局限性，但也对数据获取和处理上提出了一定的要求。如何更科学地进行基础数据分析，如果获取更全面、更精确的最新数据，成为当前及未来宏观尺度EI效益评价的重点和难点。因此，本书认为，宏观尺度EI效益评估工作应由国家或省部级单位负责，通过联合相关研究机构或科研工作团队，开展相关工作。从而在确保研究数据准确性、完整性、安全性的基础上，高质量地完成EI效益评估，以指导未来区域EI规划及管理工作。

4.2.4 中观尺度EI建设效益评估方法

4.2.4.1 评估指标

中观尺度是指介于宏观与微观之间的空间尺度，通常具有空间面积较大、结构组合复杂多样的特点。典型的中观尺度包括城市、区、县和小流域等，且包含大量的人口聚居地。因此，中观尺度EI建设核心在于构建连接自然和人居环境的生态网络，通常是通过维护和修复城市中的自然景观，从而实现区域人与自然的平衡。即该尺度下的EI建设具有两层含义：①构建自然区域和其他开放空间的生态网络系统；②“生态化”的自然和半自然基础设施。因此，中观尺度下的EI建设不但会对区域生态环境产生直接的影响，同时也影响区域居民居住的适宜度和社会经济发展。同时，中观尺度EI的管理者通常是市级及以下相关政府部门。因此，中观尺度EI效益评价需考虑对区域生态环境所提供的生态效益、对城市空间环境所提供的物理效益，以及对社会经济环境所提供的社会经济效益。主要负责、考核和管理的部门应该是市级政府相关部门。

综上所述，本书所述中观尺度EI效益评估指标包括生态效益考核指标（固碳释氧、洪水调蓄、土壤保持、水源涵养、空气净化、地下水补给）、物理效益（年径流控制总量、微气候调节）、社会经济效益（休闲娱乐、绿化产业GDP），详细参照表4-8。

表 4-8 中观尺度 EI 建设效益评价指标

效益	一级指标	二级指标	数据及其来源
生态效益	土壤保持价值	土壤有机质保持	广东省气象站年均降水量（中国气象科学数据中心：http://data.cma.cn/wa）
		减轻泥沙淤积	土壤质地空间分布数据（资源环境科学与数据中心：https://www.resdc.cn/data.aspx?DATAID=145） 数字高程数据 DEM（地理空间数据云：http://www.gscloud.cn/search） 土地利用数据产品（GLOBELAND 30：http://globeland30.org/） Landsat 8（http://www.gscloud.cn/search） 土壤容重、理化性质栅格数据产品（国家青藏高原科学数据中心：http://data.tpdc.ac.cn/zh-hans/）
	洪水调蓄价值	洪水调蓄量	数字高程数据 DEM（地理空间数据云：http://www.gscloud.cn/search） 气象数据（国家气象科学数据中心：http://data.cma.cn/wa） 糙率：文献参考 Landsat 8（http://www.gscloud.cn/search）
	水源涵养价值	水源涵养量	年均降水量栅格数据产品（资源环境科学与数据中心：https://www.resdc.cn/） 年均陆地生态系统蒸散发量数据产品（中国生态科学数据中心：http://www.nesdc.org.cn/）
	固碳释氧价值	固碳量释氧量	2020 年生态系统净生产力（NEP）数据产品（PIE Engine 遥感计算云服务：https://engine.piesat.cn/engine-studio/dataset）
	地下水补给价值	地下水补给量	年均降水量栅格数据产品（资源环境科学与数据中心：https://www.resdc.cn/） 土地利用栅格数据产品（GLOBELAND 30：http://globeland30.org/） 可透水系数（监测或文献）
	空气净化价值	空气净化量	大气污染物浓度（数据来源于场地监测、监测站或国家气象科学数据中心：http://data.cma.cn/wa）
物理效益	微气候调节价值	温湿度量	Landsat 8 影像（NASA：http://atmcorr.gsfc.nasa.gov/） 土地利用数据产品（GLOBELAND 30：http://globeland30.org/） 空调使用天数（BizEE Software: https://www.bizeesoftware.com/）
	年径流控制价值	年径流控制量	年均降水量栅格数据产品（资源环境科学与数据中心：https://www.resdc.cn/） 土地利用栅格数据产品（GLOBELAND 30：http://globeland30.org/） 数字高程数据 DEM（地理空间数据云：http://www.gscloud.cn/search） 管网数据（相关政府部门提供）
社会经济效益	休闲娱乐价值	景观游憩价值	旅游区服务人群及其收费数据（来源于政府统计）
	绿化产业 GDP	产品服务价值	基础数据参考统计年鉴
		产业服务价值	基础数据参考行业报告

4.2.4.2 效益核算方法

（1）固碳释氧

①原则。区别于宏观尺度固碳释氧评价方法，中观尺度固碳释氧效益评价可根据实际研究区大小、基础数据储存量、计算精度要求等情况，选取 4.2.2.3（3）中所述的基于遥感数据计算法或采用观测点连续监测数据统计法。

②方法。早在 20 世纪 50 年代，就有大批科学家开展了植被对空气中 CO_2 的固定和存储效益的研究。研究表明，植被光合作用速率、叶面积指数、植被种类、气候区域等是影响准备固碳释氧能力的重要因素。其次，土壤作为陆地生态系统中最大的有机碳库，0 ～ 1m 土层中大约有 1 550 Pg 有机碳和 750 Pg 无机碳，分别是大气碳库的 3 倍（760 Pg），生物碳库的 3.8 倍（560 Pg）。因此，EI 固碳量来源于植被光合作用以及土壤碳汇量，即数值等于植被光合固碳量与土壤有机碳固定量之和。

其中植被光合作用固碳量（G'_{CO_2}）可根据光合仪（如 LI-6400XT 型光合仪、SY-1020 便携式光合仪）所测定的植被叶片单日净同化量进行计算；土壤碳汇量（G''_{CO_2}）的测定与评估详细方法可参考联合国政府间气候变化专门委员会（IPCC）发布的《2006 年 IPCC 国家温室气体清单指南》中给出的 3 种计算方法。

③效益计算方程。EI 固碳量：

$$G_{CO_2}=G'_{CO_2}+G''_{CO_2} \tag{4-20}$$

式中：G_{CO_2}——EI 总固碳量，t CO_2 / a；

G'_{CO_2}——单位叶面积上的固碳量，g CO_2/（m^2 · d）；

G''_{CO_2}——单位土地面积的碳储量，g CO_2 /（m^2 · d）。

其中，根据 CO_2 摩尔质量，以及单位换算，单位面积叶片 CO_2 固定量 G'_{CO_2} 计算公式为

$$G'_{CO_2}=L_{AI}\times 0.044\times p \tag{4-21}$$

式中：L_{AI}——叶面积指数；

0.044——二氧化碳的摩尔质量；

p——测定日叶片同化量，mmol /（m^2 · s）。

基于简单积分法，植物叶片单日内的净同化量 p 可根据以下方程进行计算：

$$p=\sum_{i=1}^{j}[1\,000\times(p_{i+1}+p_i)\div 2\times(t_{i+1}-t_i)] \qquad (4\text{-}22)$$

式中：p_i——初次测量的瞬时光合作用速率，μ mol /（m^2 · s）；

p_{i+1}——下一次测量的瞬时光合作用速率，μ mol /（m^2 · s）；

t_i——初次测量的瞬时时间，s；

t_{i+1}——下一次测量的时间点，s；

j——测试次数；

1 000——mol 与 μ mol 的转换倍数。

EI 释氧量：基于植被光合作用反应方程 $CO_2 + 4H_2O \longrightarrow CH_2O + 3\,H_2O + O_2$，以及 O_2 摩尔质量，植物光合作用释氧量 G_{O_2}［（g / m^2 · d）］的计算公式可表达为

$$G_{O_2}=L_{AI}\times 0.032\times p \qquad (4\text{-}23)$$

值得注意的是，通常测量法要求对固定监测点进行长期（至少一年）测量，且需要包含春、夏、秋、冬四季，同时也应关注雨季对植被固碳释氧量的影响，详细操作可参照东北师范大学邹丽芳于 2006 年开展的研究。对于可以全株收割的草本，可采用生物量法——植物有机质干重，对草本的年固碳释氧量进行计算，详细可参照北京林业大学勾玉莹于 2013 年开展的研究。

叶面积指数计算：McPherson 等较早开展叶面积指数（L_{AI}，Leaf-area indices）相关研究，其含义是单位土地面积上植物叶片总面积与土地面积的比值，反映了植物的种群大小及生长状况。其测定方法多样，主要包括传统格点法和方格法、描形称重法、仪器测定法、图像测量法、经验公式法等。

基于 McPherson 提出的方法，L_{AI} 的计算遵循：

$$L_{AI}=Y / S_2 \qquad (4\text{-}24)$$

式中：Y——植物的叶面积总量，m^2；

S_2——植被冠层投影面积，m^2。

其中，Y 的计算公式为

$$Y=\exp(0.603\,1+0.237\,5H+0.690\,6D-0.012\,3S_1)+0.182\,4 \qquad (4\text{-}25)$$

式中：H——树冠高度，m；

D——树冠直径，m；

$S_1=\pi D(H+D)/2$。

S_2 则根据树木的冠形选择不同的公式，如表 4-9 所示。

表 4-9　三维绿量计算公式

序号	树冠形状	计算公式
1	卵形	$\frac{\pi D^2 H}{6}$
2	圆锥形	$\frac{\pi D^2 H}{12}$
3	球形	$\frac{\pi D^2 H}{6}$
4	半球形	$\frac{\pi D^2 H}{6}$
5	球扇形	$\frac{\pi(2H^2-H^2\sqrt{4H^2-D^2})}{6}$
6	球缺形	$\frac{\pi(2DH^2-2H^3)}{6}$
7	圆柱形	$\frac{\pi D^2 H}{4}$

④效益价值化。EI 固碳释氧效益价值量参照式（4-12）计算。

（2）洪水调蓄

自古以来，洪水调蓄都被认为是城市治理所面临的重要难题。除了传统的灰色洪水调蓄设施，自然生态系统被认为是最大的雨水调蓄措施，为此延伸出了如雨洪调节、海绵城市建设、基于自然的解决方案等一系列概念。因此，洪水调蓄功能可以理解为：自然生态系统通过特有的生态结构，吸纳降雨和过境水，从而通过蓄积、消减并滞后洪峰，以缓解或解决汛期由于洪峰所造成的威胁和经济、财产损失的功能。生态系统中的河流、水库、湖泊、沼泽被认为是维持区域洪水调蓄功能的重要保障。2020 年，在《资源环境承载能力和国土空间开发适宜性评价指南（试行）》中，明确将洪水调蓄划定为市县级国土空间双评价指标之一。但由于干旱、亚干旱和极干旱区洪水的威胁较小，因此 EI 的洪水调蓄功能可以仅在年降水量大于 400 mm 的湿润区、亚湿润区开展。

①方法。本书中 EI 洪水调蓄效益评估参考 GEP 核算技术规范中的计算方法，将洪水调蓄功能分为植被洪水蓄积量、库塘洪水蓄积量、湖泊洪水蓄积量、沼泽洪水蓄积量 4 个方面进行计算。

②效益计算方程。

$$V_{\mathrm{Flood}}=V_{\mathrm{pl}}+V_{\mathrm{la}}+V_{\mathrm{re}}+V_{\mathrm{ma}} \tag{4-26}$$

式中：V_{Flood}——区域 EI 年均洪水调蓄总量，m^3/a；

V_{pl}——研究区植被年均洪水调蓄量，m^3/a；

V_{la}——研究区湖泊的年均洪水调蓄量，m^3/a；

V_{re}——区域内库塘的年均洪水调蓄量，m^3/a；

V_{ma}——研究区沼泽的年均洪水调蓄量，m^3/a。

其中，植被年均洪水调蓄量 V_{pl}（m^3/a）：

$$V_{\mathrm{pl}}=\sum_{i=1}^{n}1\,000\times(P-R_i)\times A_i \tag{4-27}$$

式中：P——暴雨降水量，mm；

R_i——第 i 种植被生态系统的降雨径流量，mm；

A_i——i 类植被生态系统面积，km^2；

1 000——长度单位换算系数。

湖泊年均洪水调蓄量 V_{la}（m^3/a）：据《中国湖泊志》介绍，我国湖泊主要分布在长江中下游和青藏高原。且基于湖泊的分布、成因、水环境、资源赋存、水文特征，以及我国西高东低的地貌特征、南湿北干的气候条件及行政区划，我国湖泊可划分为五大湖区，即青藏高原湖区（主要包括青海和西藏）、蒙新高原区或西北干旱区湖区（主要包括内蒙古、新疆、甘肃、宁夏、陕西和山西）、云贵高原湖区（包括云南、贵州、四川和重庆）、东北平原与山地湖区（辽宁、吉林和黑龙江）及东部平原湖区（包括江西、湖南、湖北、安徽、河南、江苏、上海、山东、河北、北京、天津、浙江、海南、福建、广东、广西等）。

根据湖泊分区，欧阳志云等构建了基于湖面面积与湖泊换水次数建立的湖泊水量调节评价模型：

青藏高原湖区：

$$V_{la}=e^{6.636}+A^{0.678}\times 0.14 \tag{4-28}$$

蒙新高原区：

$$V_{la}=e^{5.563}+A^{0.680}\times 0.26 \tag{4-29}$$

云贵高原湖区：

$$V_{la}=e^{4.904}+A^{0.927}\times 0.36 \tag{4-30}$$

东北平原与山地湖区：

$$V_{la}=e^{5.808}+A^{0.866}\times 0.98 \tag{4-31}$$

东部平原湖区：

$$V_{la}=e^{4.924}+A^{1.128}\times 3.19 \tag{4-32}$$

式中：V_{la}——湖泊洪水调蓄量，m^3/a；

A——湖泊面积，km^2。

沼泽洪水调蓄量 V_{ma}（m^3/a）：沼泽土壤具有特殊的水文物理性质，草根层和泥炭层孔隙度达 72% ~ 93%，饱和持水量达 830% ~ 1 030%，在汛期可储存大量水分。为此，沼泽土壤具有较强的蓄水和透水能力。式（4-33）是基于沼泽的土层蓄水量和地表滞水量的沼泽洪水调蓄能力评估模型：

$$V_{ma}=V_{sws}+V_{sr} \tag{4-33}$$

式中：V_{sws}——沼泽土壤层蓄水量，m^3/a；

V_{sr}——沼泽地表滞水量，m^3/a。

$$V_{sws}=A\times h\times \rho \times (F-E)\times \frac{10^{-2}}{\rho_w} \tag{4-34}$$

$$V_{sr}=A\times H\times 10^{-2} \tag{4-35}$$

式中：A——沼泽总面积，km^2；

h——沼泽湿地蓄水深度，m；

ρ——沼泽湿地土壤容重，g/cm^3；

F——沼泽湿地土壤饱和含水率；

E——沼泽湿地自然含水率；

ρ_w——水的密度，数值上 $\rho_w = 1g/cm^3$；

H——沼泽湿地地表滞水高度，m。

库塘洪水蓄积量 V_{re}：根据是否有实际监测数据支撑，可将库塘洪水调蓄量计算方法分为两种。

i. 无实际监测数据，以库容的 35% 作为库塘的理论洪水蓄积量：

$$V_{re}=0.35V_t \tag{4-36}$$

式中：V_{re}——库塘洪水蓄积量，m^3/a；

V_t——库塘总库容，m^3，数据由政府相关部门提供；

0.35——经验参数。

ii. 有实际监测数据支持，则通过洪水期水库的进出水量进行计算：

$$V_{re}=V_1-V_0 \tag{4-37}$$

式中：V_1——洪水期库塘进水总量，m^3/a；

V_0——洪水期库塘出水总量，m^3/a，数据由政府相关部门提供。

需要注意的是，以上对洪水调蓄量的评估偏差加大，在条件允许的条件下，推荐使用 SWMM、SWAT 或 MIKE FLOOD 进行区域洪水模拟，以得到更为准确的洪水调蓄值。但由于不同模型的具体操作存在差异，因此本书不做详细说明，具体使用方法需参照产品说明。

③效益价值化方程。

$$E_{flood}=V_{flood}\times P \tag{4-38}$$

式中：P——蓄水量单价，元 / m^3，其数值可参考水库单位库容工程造价及维护成本，据《中国水利年鉴》（1993—1999 年），平均水库库容造价约 6.11 元 / t。

（3）土壤保持

中观尺度土壤保持功能效益计算参照宏观尺度 EI 水土保持效益评估方法。

即具体计算方式参考 4.2.2.3 节中所涉方法。

（4）水源涵养

中观尺度 EI 的水源涵养功能效益计算参照 4.2.4.2 节所涉宏观尺度 EI 水源涵养效益评估方法。具体计算方式参考 4.2.4.2 节所涉方法。

（5）空气净化

①方法及效益计算公式。研究表明：植被（包括树木、草地、农田等）能够通过吸附和吸收方式，对空气中的粉尘颗粒、SO_2、NO_x、CO 等污染物进行净化，同时产生负氧离子。此外，水体也被研究证明具有一定的大气沉降作用，然而由于相关研究较少，难以支撑研究计算，因此在本书中不做计算。

综上所述，本书中 EI 空气净化效益通过绿地生态系统对大气污染物的净化及其所提供的臭氧离子含量计算。根据区域空气质量，以下归纳了 3 种途径的 EI 空气净化效益评估方法：

i. 区域空气质量未超过《环境空气质量标准》（GB 3095—2012）中所给定的污染物浓度时，认定区域大气污染物总排放量数值约等于 EI 的大气污染物净化量，计算公式如下：

$$Q_{\mathrm{pur}}=Q_{\mathrm{ap}}=\sum_{i=1}^{n} Q_i \tag{4-39}$$

式中：Q_{pur}——区域 EI 大气污染物净化总量，t/a；

Q_{ap}——区域大气污染物排放量，t/a；

Q_i——第 i 类大气污染物排放量，t/a，其数据可从各级生态环境部门获取，或参考各地区污染普查报告。

ii. 当区域空气质量超过我国空气环境质量标准，则通过植被污染物削减能力计算：

$$Q_{\mathrm{pur}}=\sum_{i=1}^{n}\sum_{j=1}^{m} Q_{ij}\times A_j \tag{4-40}$$

式中：Q_{pur}——区域 EI 大气污染物净化总量，t/a；

Q_{ij}——单位面积 j 类绿地生态系统对 i 中大气污染物的净化量，kg /（km^2 · a），参考表 4-10；

A_j——j 类绿地生态系统的面积，km^2。

表 4-10 不同生态系统对大气污染物的净化量

污染物类型	生态系统	去除量 / [kg/（hm^2 · a）]
SO_2	针叶林	215.60
	混交林	152.13
	阔叶林	88.65
	灌木林	61.18
	草地	46.25
	耕地	6.97
NO_x	林地	6.0
	草地	6.0
	耕地	33.5
滞尘	林地	21 655
	灌木林	30 500
	草地	0.73
	耕地	0.95

iii. 基于 CNT（Center for Neighborhood Technology 2010）发布的“The Value of Green Infrastructure：A Guide to Recognizing Its Economic，Environmental and Social Benefits”中所述的绿色基础设施空气净化效益估算，绿色屋顶的空气净化效益可遵循方程（4-41）：

$$Q_{pur}=\sum_{i=1}^{4} Q_i \times A \qquad (4-41)$$

式中：Q_{pur}——区域 EI 大气污染物净化总量，t/a；

A——绿色屋顶面积，m^2；

Q_i——污染物的吸收或沉积量，kg /（hm^2 · a），其范围参考表 4-11；i 代表 NO_2、O_3、SO_2 和 PM_{10}。

表 4-11 平均污染物去除量

序号	污染物	平均去除量 / [kg/（hm^2 · a）]
1	NO_2	14.65～23.29
2	O_3	28.71～44.92
3	SO_2	11.18～19.82
4	PM_{10}	5.57～6.49

②负氧离子产生量。根据贵州省《生态系统生产总值（GEP）核算技术规范》（DB52/T 1608—2021），负氧离子产生量 Q_{NAI}（个 /a）计算公式如下：

$$Q_{NAI}=5.256\times10^{13}\times\frac{q_{NAI}AH}{L} \tag{4-42}$$

式中：Q_{NAI}——林地年提供的负氧离子个数，个 /a；

q_{NAI}——林地负氧离子浓度，个 / cm^3；

A——林地面积，km^2；

H——林地高度，m；

L——负氧离子寿命，min；

5.256×10^{13}——时间和面积单位换算系数。

③效益价值化方程。

$$EI_{air}=E_{pur}+E_{NAI} \tag{4-43}$$

式中：EI_{air}——空气净化效益总价值，元 /a；

E_{pur}——空气污染物消减价值，元 / a；

E_{NAI}——负氧离子产生价值，元 / a。

其中，参照贵州省 GEP 核算方法，负氧离子价值量 E_{NAI}（元 /a）：

$$E_{NAI}=\left(Q_{NAI}-\frac{3.135\times10^{16}AH}{L}\right)P \tag{4-44}$$

式中：P——单位负氧离子价值，元 /10^{18} 个。

空气污染物净化价值：

$$E_{pur}=\sum_{i=1}^{4}Q_i\times P_i \qquad (4-45)$$

式中：E_{pur}——EI 的大气污染物净化价值量，元 /a；

Q_i——第 i 类大气污染物净化总量，t/a；

P_i——第 i 类大气污染物的治理成本，元 / t，取值可参考《排污费征收标准及计算方法》《关于调整排污费征收标准等有关问题的通知》《中华人民共和国环境保护法税》，或者地区污染物排放收费标准等。

（6）地下水补给

城市扩张不但降低了土壤渗透功能，也加大了人类对地下水资源的开采。地下水作为人类生存必不可少的重要资源，是维持生态环境稳定性的重要基础要素，尤其是在水资源缺乏的北方地区，地下水支持着区域生产生活的基础供水。例如，北京市社会用水来源 2/3 以上来源于地下水资源开采。但大量的地下水开采，以及不断减少的地下水来源，必将导致一系列生态环境问题。

EI 通过恢复区域地表下垫面自然属性，从而增加城市地表可透水面积，增强土地对雨水的下渗能力，进而达到对区域地下水的补给，防止区域地下水位下降、改善城市水环境。研究表明，海绵城市建设能够维持年均地下水位的稳定，或使平均降幅低于历史同期。

①方法及效益计算公式。本书中 EI 的地下水补给效益通过雨水入渗量来表达，计算采用达西定律，公式如下：

$$Q_{perm}=\alpha\times H\times A\times 10^3 \qquad (4-46)$$

式中：α——降雨入渗补给系数，西安市的历年地下水动态观测资料显示当地入渗补给系数为 0.12 ～ 0.21；

H——年均降水量，mm；

A——可透水面积，m^2。

②效益价值化方程。EI 地下水补给效益价值量按替代成本法进行计算，计算公式如下：

$$E_{perm}=Q_{perm}\times P \qquad (4-47)$$

式中：E_{perm}——EI 的年地下水补给效益价值量，元 / a；

P——单位地下水价值，元 / t，然而由于当前地下水资源没有市场价格，因此可采用影子水价进行评估，或采用地区水资源市场价值进行计算。

（7）年径流控制总量

年径流控制总量是指通过 EI 建设技术，增加雨水下渗或蓄积，从而减少地表径流的年平均总量，其概念来源于城市雨洪调节 / 管理，主要是为了应对城市下垫面硬化导致的短时强降雨天气下的城市内涝和积水现象。传统的城市雨水解决方案是修建大型排水管网，在城市的下方开辟一条排水网络。

但随着城市建设的不断扩张，错综复杂的地下排水网络修建已不能满足地表径流的运输与管理，同时还造成了一系列水环境问题，如初期雨水的面源污染、地下水补给降低、淡水资源流失等。为此，国内外研究学者试图通过自然的解决方式——修复地表下垫面自然属性、提升地表对雨水的下渗能力、增加自然调蓄措施等来实现地表径流的科学调控。

①方法。地表径流控制量的计算方法可归纳为两种：i. 简单容积法加权计算，即根据《海绵城市建设技术指南》中的年径流总量控制率的相关说明，年径流控制总量可通过容积法进行计算，即年降水量与径流量之差；ii. 模型模拟法，其计算本质也是降雨量与径流量的差值，其本质在于简单容积加权法是忽略地形参数的简单理论值。而模型模拟则是通过基于区域水文、地理、蒸发量、管网和降雨数据，建立区域水文水力模型的分解计算。常用的模型模拟软件包括 FloodStroem、SWMM 以及 MIKE 模型等。

②效益计算方程。

$$Q_{sto}=Q_1-Q \tag{4-48}$$

式中：Q_{sto}——区域 EI 的年径流控制总量，m^3 / a；

Q_1——潜在地表径流量，即年降水量，m^3 / a；

Q——年地表径流量，数值等于降水量与地表径流系数及不同下垫面面积的乘积，m^3 / a。

$$Q_1=1\ 000\times R\times A \tag{4-49}$$

$$Q=1\ 000\sum_{i=1}^{n} RA_i\delta_i \tag{4-50}$$

式中：R——年平均降水量，mm；

A——研究区总面积，m^2；

A_i——第 i 类土地类型汇水区总面积，m^2；

δ_i——第 i 类土地类型的地表径流系数，根据《建筑与小区雨水控制及利用工程技术规范》（GB 50400—2016），不同下垫面径流系数详见表 4-12。综合径流系数按下垫面类型加权平均计算。

表 4-12 不同下垫面类型的径流系数

下垫面类型	径流系数（δ）
硬屋面、未铺石子的平屋面、沥青屋面	0.80 ~ 0.90
铺石子的平屋面	0.60 ~ 0.70
绿化屋面	0.30 ~ 0.40
混凝土和沥青路面	0.80 ~ 0.90
块石等铺砌路面	0.50 ~ 0.60
非铺砌的土路面	0.30
绿地	0.15
水面	1.0
地下建筑覆土绿地（覆土厚度≥ 500 mm）	0.15
地下建筑覆土绿地（覆土厚度< 500 mm）	0.30 ~ 0.40
透水铺装地面	0.29 ~ 0.36

③效益价值化方程。采用替代工程法，以管网运行和水处理作为替代工程，年径流总量控制效益价值（E_Q）计算如下：

$$E_Q=Q\times(P_1+P_2) \tag{4-51}$$

式中：E_Q——年径流总量控制效益，元；

Q——年径流控制总量，m^3/a；

P_1——雨水管网运行费用，元 / m^3；

P_2——污水运行费用，元 / m^3。

（8）微气候调节

城市热岛效应（Urban Heat Island，UHI）是城市所特有的小气候，特指城市温度明显高于郊区的一种高温孤岛现象，最早由 Manly 于 1958 年提出，是城市化景观格局变化的必然结果，也是当前全球最显著的城市环境问题之一。据不完全数据统计，当前全球有超过 1 000 多个不同规模的城市发现了城市热岛现象，严重影响人类的生产、生活和健康。气象、水文和生态等学科的研究学者均参与了城市热岛的相关研究。研究显示，城市绿地、水体对城市热岛效应具有缓解作用。1987 年，苏从先首次发现了绿洲和湖泊能在沙漠或戈壁地区形成一个冷源，并将这一现象定义为冷岛效应。不同于城市热岛效应，城市冷岛效应强调的是城市内部景观斑块对区域微气候的影响，在城市蓝绿斑块周边形成一个与周边环境相对的冷源，从而达到对区域热岛效应的缓解。当前冷岛效应的研究主要用于支撑和指导城市内部景观格局的规划设计。此外，也有研究学者基于植被蒸腾吸热原理开展了大量城市绿地、森林、水体的微气候调节价值服务。

①方法。EI 微气候调节效益根据原理的不同可分为以下两种计算方法：

i. 基于冷岛效应的评估方法：由于反映的是较大尺度上的城市热环境空间状况，因此传统实地监测和气象资料在一定程度上不足以有效地反映城市“冷岛”。相反，热红外遥感技术因其大范围和大尺度的数据特点，被广泛地与 GIS 结合，可用于冷岛效应分布、强度及影响因素等的学习分析。因此，与城市热岛效应的研究方法基本相同，冷岛效应在数据获取上主要采用实地测量、气象监测资料、卫星遥感等方法。必要基础数据包括：Landsat 8 影像，相关数据可在 NASA 提供的网站进行下载（http：//atmcorr.gsfc.nasa.gov/）；地理空间数据（行政），数据来源渠道多，如中国遥感数据共享网（http：//eds.ceode.ac.cn/sjglb/dataservice.htm）；地理空间数据云（http：//www.gscloud.cn）；数据银行空间数据库（http：//www.worldbank.org/）等。而由于空气比热容受温度变化影响较大，因此相关数据需要进行实地测量，或咨询相关部门是否有连续监测数据。

ii. 基于蒸腾作用的评估方法：蒸腾作用的 EI 微气候调节效益评估是基于植被蒸腾生态学机制和原理下的一种用于评估绿地资源小气候经济学意义的方法。其本质是将植物蒸腾作用所消耗的热量与电功率进行转化，从而通过等效经济价值法，评估微气候调节效益。数据的获得既可以通过实际监测，也可引用前人植被蒸腾强度研究结果。

②计算方程。

i. 基于冷岛效应：

$$Q_T=\sum \Delta T\times \rho_c\times V \tag{4-52}$$

式中：Q_T——区域内 EI 降低的总能量，J / a；

ΔT——冷岛区域温度与研究区平均温度的差值，℃；

ρ_c——研究区空气比热容，J/（m^3 · ℃）；

V——研究区 EI 所在范围的空气体积，m^3。

效益价值量：

$$E_{cli}=\frac{Q_T}{3.6\times 10^6}\times P_{elec} \tag{4-53}$$

式中：E_{cli}——EI 的微气候调节效益总价值，元；

P_{elec}——地区平均电价，元 /（kW · h）；

Q_T——EI 年总太阳能消纳量，J；

3.6×10^6——焦耳与千瓦时的转换系数。

ii. 基于蒸腾作用：生态系统的气候调节服务来源于生态系统中植被的蒸腾作用、水面蒸发过程的吸热作用。

$$T=T_{pt}+T_{wt} \tag{4-54}$$

$$T_{pt}=\sum_{i}^{3} PP_i\times A_i\times D\times 10^9\times 2\,450 \tag{4-55}$$

$$T_{wt}=PP_w\times A_w\times D\times 10^9\times 2\,450 \tag{4-56}$$

式中：T——EI 蒸腾蒸发所消耗的总能量，kJ / a；

T_{pt}——EI 系统中植被的蒸腾消耗的能量，kJ / a；

T_{wt}——EI 中水面蒸发所消耗的能量，m^3 / a；

PP_i——第 i 类生态系统单位面积的蒸腾量，mm /（m^2 · a）；

A_i——第 i 类生态系统类型面积，km^2；

D——空调使用天数，d；

i——生态系统类型（森林、灌丛、草地）；

PP_w——水面蒸发量，mm /（m^2 · a）；

A_w——水面面积，km^2；

2 450——转换系数，指水的气化潜热，代表蒸发 1 g 水所需要的热量。

③效益价值化方程。采用替代成本法，EI 微气候调节效益价值量计算方法如下：

$$E_{cli}=ET_{pt}+ET_{wt} \tag{4-57}$$

$$ET_{pt}=\frac{T_{pt}\times P_{elec}}{3\,600\times R\times 2} \tag{4-58}$$

$$ET_{wt}=\left(\frac{T_w}{3\,600}+Q_w\times\gamma\right)\times P_{elec} \tag{4-59}$$

式中：E_{cli}——EI 的微气候调节效益总价值，元 / a；

ET_{pt}——绿色 EI 微气候调节价值，元 / a；

ET_{wt}——蓝色及蓝绿色 EI 微气候调节价值，元 / a；

P_{elec}——地区平均电价，元 /（kW · h）；

T_{pt}——植被蒸腾消耗的能量，kJ / a；

Q_w——水面蒸发量，m^3，其数值是蒸发量与面积的乘积；

γ——加湿器将 1 m^3 水转化为蒸汽所需要消耗的热量，结合某品牌加湿器中的产品介绍，其取值可为 83.3 kW · h / m^3；

R——空调能效比，量纲一，取值 3.0；

1/3 600——转换系数，代表单位热能与功率的转换系数。

（9）休闲娱乐

①方法。城市 EI 的休闲娱乐服务功能主要由城市中的开放自然空间，包括公园、滨水步道、自然观光旅游区等。欧阳志云等在 GEP 核算中，根据自然景观的年旅游总人次作为其文化服务效益的评价指标。本书沿用此方法，作为评价区域 EI 休闲娱乐效益的评价指标。

②效益计算方程：

$$N_t=\sum_{i=1}^{n} \mathrm{N}_{ti} \tag{4-60}$$

式中：N_t——旅游区总服务游客人数，人 /a；

N_{ti}——第 i 个旅游区的年服务总人数，人 /a；

i——旅游区，i=1，2，3，…，n，量纲一，（n 代表总旅游区个数）。

效益价值化方程：根据旅游区性质（收费、免费），EI 休闲娱乐效益价值量分为两个统计方法：

$$E_{\mathrm{leisure}}=E_{\mathrm{tf}}+E_{\mathrm{tnf}} \tag{4-61}$$

$$E_{\mathrm{tnf}}=\sum E_{\mathrm{tnf}_i} \tag{4-62}$$

$$E_{\mathrm{tf}}=\sum N_{\mathrm{tj}}\times P \tag{4-63}$$

式中：E_{leisure}——EI 休闲娱乐效益价值，元；

E_{tnf}——收费旅游区的年收入，元，数据来源于区域统计年鉴；

E_{tf}——公共免费开放绿色空间的休闲娱乐效益总价值，元；

N_{tj}——公共免费绿色开放空间的服务总人次，人，数据来源于开放空间可达性估算；

P——人均支付价格，元，数据来源于支付意愿调查。

（10）产业增值

①方法。EI 是维持、改善和增加生态系统服务的自然与半自然生态系统，包含支持人类生产和生活所需的湿地、农田、池塘、森林、草地、生物滞留池、雨水花园等。因此，除传统意义上依托生态系统的林、农、牧业、渔产业外，EI 所涉产业还应包括园林绿化行业。而这些行业所产生的产品价值，可用于衡量 EI 的产品服务效益。

②效益及其经济价值计算方程。

$$E_{\mathrm{sg}}=E_{\mathrm{s}}+E_{\mathrm{g}} \tag{4-64}$$

其中，EI 产品服务效益：

$$E_{\mathrm{s}}=E_{\mathrm{pro}}=\sum_{i=1}^{n}(Y_i\times P_i-C_i)+E_{\mathrm{e}} \tag{4-65}$$

式中：E_s——EI 年产品服务价值，元 / a；

E_{pro}——EI 物质产品价值，元 / a；

Y_i——第 i 类产品的年产量，t/a；

P_i——第 i 类产品的单位价格，元 / t；

C_i——第 i 类物质产品的年投入成本，元 / a；

E_e——水电资源价值，根据市场价值法，以市场水电量 Q_e 与水电价格 P_e 的乘积进行估算，$E_e=Q_e\times P_e$，元 / a；

i——EI 物质产品类别，包括农业产品、林业产品、畜牧业产品、渔业产品等。

园林绿化产业价值：

$$E_g=\sum_{i=1}^{n}E_i \tag{4-66}$$

式中：E_g——园林绿化产业年均产业 GDP，元 /a；

E_i——园林绿化第 i 类产业 GDP，元 /a；

i——园林绿化中的具体产业或公司类型，如立体绿化、苗圃、园林绿化材料等。

值得注意的是，虽然园林绿化行业在我国形成的历史较久，但各地区尚未形成统一的园林绿化产业管理模式，因此园林绿化产业价值的相关数据获取难度较大。相关数据往往需要从行业内部的年度报告中获取。在没有相关统计数据支持的地区，建议参考城市年绿化面积及年均绿化成本来进行园林绿化产业价值的计算。

4.2.5 微观尺度 EI 建设效益评估方法

4.2.5.1 评估指标

EI 是多尺度的生态系统网络，是由区域中的 EI 斑块和廊道组成的。微观尺度 EI 效益评估对象是指由单个或多个措施所组成的 EI，其空间大小既可以是单个 EI 措施，如雨水花园、绿色屋顶、生物滞留池等；也可以是由多个措施组成的场地，如公园、滨水步道、小区花园等。因此，微观尺度 EI 建设的空间尺度较小，通常情况下其生态系统服务功能作用于周边的居民和生态环境。同时，由于微观尺度 EI 建设往往能够追溯到具体的施工、监测和管理单位，因此效益评估指标的选择较宏观和中观尺度的 EI 效益评估更为详细，采取“生态—物理—社会经济—健康”综合效益评估方法，且能够考虑生命周期下的净效益价值。具体的评价指标如表 4-13 所示。

表 4-13 微观尺度 EI 建设效益评价指标

效益	一级指标	二级指标	数据来源
生态效益	空气净化价值	大气污染物控制量	物联网在线监测、文献（经验换算系数）
	水质净化价值	水污染控制量	物联网监测、水质监测
	生物多样性保护	生物多样性指数	实地调研
	固碳释氧	固碳量 释氧量	实地监测
物理效益	年径流控制总量	径流控制量	物联网监测、气象数据（降雨）、实地测量或文献（地表径流系数）
	降噪	降噪分贝	实地监测
社会经济效益	建筑节能价值	节能量	物联网监测、文献
	土地增值量	土地影响范围	支付意愿问卷调查
	休闲娱乐	年均服务人数	支付意愿问卷调查、相关管理部门统计
	水资源再利用	雨水再利用量	实地监测 / 记录
健康效益	公众健康	公众健康	问卷调查

4.2.5.2 效益评价方法

（1）空气净化

微观尺度，EI 空气净化效益评估需根据 EI 场地规模大小，辨别是否需要开展该指标的评价。其原因在于 EI 空气净化效果受气候、植被类型、植被叶面积指数和绿地面积的影响，因此规模过小的 EI 场地，其空气净化效果有限，且草地类型的空气净化效果要低于花园型场地，花园型场地又低于公园型场地。

因此本书认为，对于尺度较小的 EI 场地，不进行空气净化效益评估；对于行道树、公园、人行步道、滨水步道等面积较大的 EI 场地，可根据 4.2.4.2 节所述空气净化效益评估方法开展相关效益评估工作。

（2）水质净化

研究表明，EI措施中的土壤、植被、植被根系及土壤微生物等对初期雨水具有截污、沉降、净化等功效，能有效控制城市中由初期雨水造成的面源污染。EI场地的水质净化效益由年平均控污量进行衡量。且根据《地表水环境质量标准》（GB 3838—2002），EI水质净化效益主要衡量对水体中COD、氨氮、总氮、总磷、SS的去除。根据EI场地大小和具体措施类别，EI水质净化效益核算具体情况，选择以下所述的其中一种核算方式。

①方法及效益计算方程。单措施如小型EI场地，比如屋顶花园、雨水花园、生物滞留池等，可进行进出水水质水量监测的EI场地：

$$Q_{wr}=\sum Q(C_{i1}-C_{i2}) \quad (4\text{-}67)$$

式中：Q_{wr}——水体污染物年均净化总量，kg / a；

Q——年均总净化水量，m^3；

C_{i1}——第i类污染物的进水浓度，kg / m^3；

C_{i2}——出水中第i类污染物浓度，kg / m^3。

该种情况的基础数据可以来自物联网监测，也可以来自实地样品测试数据。

组合措施（较复杂、面积较大），无法使用物联网进行全域水质水量监测，但可使用上述公式原理开展效益估算的EI场地，可利用GIS、SWAT、SWMM或MIKE FLOOD软件开展区域水质水量控制模拟，同时结合实地点位水质水量测试数据，开展模型率定、参数校正，从而评估和预测区域年平均水质污染物控制量。

对于研究区水环境质量超出《地表水环境质量标准》《景观娱乐用水水质标准》（GB 12941—91）或《城市污水再利用　城市杂用水水质》（GB/T 1890—2020）的EI场地，采用生态系统自净能力估算水质净化效益：

$$Q_{wr}=\sum_{i=1}^{n}\sum_{j=1}^{m}P_{ij}\times A_j \quad (4\text{-}68)$$

式中：Q_{wr}——研究区水体污染物年均总净化量，kg / a；

P_{ij}——单位面积j类EI措施对第i类水体污染物的净化量，kg /（km^2 · a）；

A_j——j类EI措施的面积，km^2。

②效益价值化方程。基于替代成本法，EI 的水质净化效益价值为

$$E_{wr}=\sum_{i=1}^{n} Q_{wri}\times P_i \quad (4-69)$$

式中：E_{wr}——EI 水质净化效益价值量，元 /a;

Q_{wri}——第 i 类污染物的年均总去除量，t/a;

P_i——第 i 类水质污染的单位治理成本，元 /t，可参照《排污费征收标准及计算方法》中的相关价格指数。

（3）生物多样性保护

①方法。本书所述生物多样性保护由反映生物群落个体密度、生境差异、群落类型和演替阶段等指标的 Shannon-Wiener 指数（H）衡量。

效益计算方程：

$$H=-\sum (n_i/N)\ln (n_i/N) \quad (4-70)$$

式中：n_i——第 i 个种群的个体数；

N——群落中所有的种群个数。

②效益价值化方程。EI 建设物种多样性保护效益价值的计算参考《森林生态系统服务功能评估规范》（LY/T 1721—2008）中关于森林物种保育价值的计算方法，如表 4-14 所示，将 H 划分为 7 个等级。根据不同级别对应的经济价值和面积大小，估算 EI 建设的生物多样性保护效益价值量。

$$E_H=P_H\times A \quad (4-71)$$

式中：E_H——EI 年份生物多样性保护价值，元 / a;

P_H——单位面积年物种损失的机会成本，元 /（hm^2 · a）；

A——EI 面积，hm^2。

（4）固碳释氧

对于微小型 EI 建设措施，其固碳释氧能力可以根据实际产地的措施类型、建设大小、植被选型等，评估该项指标评估的必要性。对于建设面积较大、植被占比高的场地，应根据 4.2.4.2（1）中的内容开展固碳量和释氧量的评估。

表 4-14　不同 Shannon-Wiener 指数级别的经济价值

序号	级别	价值
1	$H<1$	3 000
2	$1 \leqslant H<2$	5 000
3	$2 \leqslant H<3$	10 000
4	$3 \leqslant H<4$	20 000
5	$4 \leqslant H<5$	30 000
6	$5 \leqslant H<6$	40 000
7	$H \geqslant 6$	50 000

（5）年径流控制总量

①方法。EI 产地的年径流控制量计算的方式方法多样，可参照 4.2.4.2（7）中介绍的方法。但对于场地面积较小的 EI 场地，如屋顶花园、小型生物滞留池、雨水花园等，可以直接参照进出水量的差值，按式（4-72）开展评估计算。其中进出水量既可以通过物联网等手段直接测量，也可以通过经验方程估算得到。

②效益计算方程。

$$Q_{sto}=Q_{in}-Q_{out} \tag{4-72}$$

式中：Q_{sto}——EI 场地年径流控制总量，m^3/a；

Q_{in}——物联网监测系统所监测的进水量，m^3/a；

Q_{out}——物联网监测系统所监测的 EI 排水量（产出蓄积能力的水量），m^3/a。

效益价值化方程可参照 4.2.4.2（7）。

（6）降噪

随着城市化进程的不断加速，城市成为集人口、商业、机动车的聚集地，来自交通、工业、建筑施工、社会生活的噪声污染已成为城市环境的代表问题之一，其危害仅次于空气污染，受到了政府、专家学者及普通居民的广泛关注。2015 年世界卫生组织公布的《噪声污染导致的疾病负担》数据显示：噪声污染确实能够降低人的正常寿命，尤其对心血管和心理疾病的影响较大。

EI 通过物理吸音和隔音作用实现在传播过程中对噪声进行控制。因此可通过场地 EI 的降噪量，并基于影子工程法评估 EI 措施的降噪效益。

①方法。降噪效益评估的核心在于衡量 EI 措施的降噪分贝。基于是否实地布设监测点的原则，可分为经验评估法和实地测评法。经验评估法是根据已有监测数据，对研究区 EI 措施进行理想化评估，其特点在于经济成本低、操作简单，但误差较大；对于有足够经费和时间支撑的项目，可根据场地性质，基于《声环境质量标准》（GB 3096—2008）或《社会生活环境噪声排放标准》（GB 22337—2008）两大标准，开展实地声环境测量，并同研究区一般声环境数值进行比对，从而得出 EI 降噪分贝。该方法的特点是基础数据准确，但经济和时间成本较大，且结果受采样点布置的影响。

最后基于影子工程法，参考隔音材料均价，对效益价值进行估算。

②效益量计算方程。由于城市中的噪声主要来自交通、工业、建筑施工、社会生活，且以交通噪声为主，因此本书认为 EI 的降噪功能主要是针对交通噪声的消减。基于文献学习，EI 降噪效益计算归纳为

$$\Delta S=\sum \alpha \times N \times L \tag{4-73}$$

式中：ΔS——EI 工程总降噪分贝量，dB（A）/ a；

α——EI 措施对道路的相对降噪能力，m^{-1}，表示每 1 m 的相对降噪量，数据通过实际测量或参考文献获得；

N——研究区年平均噪声值，dB（A）/ a；

L——道路长度，m。

③效益价值化方程：

$$E_s=\Delta S \times P_s \tag{4-74}$$

式中：E_s——基于影子工程法的 EI 降噪效益总价值量，元 / a；

P_s——降噪成本，取值 7.66 元 / dB（A）。

（7）建筑节能

大量研究证明 EI 对城市热环境改善具有良好的效果。虽然有学者认为传统园林绿化（公园、行道树、花园等）不能影响建筑室内环境，但绿色屋顶能够通过形成建筑“隔

热层”，从而有效降低建筑接收的太阳辐射（热量），进而达到建筑能节能降耗的功效。

①方法。绿色屋顶建筑节能降耗效益核算的难点在于节能量的计算，节能量评估的准确性直接影响最终计算结果。通常节能量的评估途径包括：i. 改造前后建筑能耗的直接监测，这种途径计算值最为准确，且时间序列越长越能反映实际效益，但该方法时间和经济成本较大。ii. 模型模拟，主要是通过构建建筑热环境传导模型，从而模拟绿色屋顶建设前后的能耗差值。可选择的软件包括 ENVI-met、EnergyPlus、TRNSYS、DOE-2、DeST 和 ECOTECT 等。该方法的难点在于参数的获取，参数选择的准确性直接影响模型的模拟结果，但优点是可在较短时间内模拟出相对准确的数据，且在建设前可根据经验参数预测建设效果。iii. 经验方程计算法。该方法的特点是简单、方便操作，且可以估算建筑节能量范围，但存在误差大的缺点。

②效益及其价值化方程。计算方法一：

$$E_{ele}=A\times\Delta E=A\times(E_{before}-E_{after}) \tag{4-75}$$

式中：E_{ele}——EI 建筑节能效益价值，元 / a；

A——建筑屋顶面积，m^2；

ΔE——年节约电量，$kW\cdot h/m^2$；

E_{before}——EI 建设前的建筑能耗，$kW\cdot h/m^2$；

E_{after}——EI 建设后的建筑能耗，$kW\cdot h/m^2$。

注：该方法适用于上述提及的第一种和第二种方法。且在拥有大量基础数据且时间充裕的情况下，建议使用物联网来监测改造后建筑的月平均能耗 E_{after}，并根据改造前的多年月平均建筑能耗 E_{before}，差值计算获得节能量 ΔE。

计算方法二（经验方程计算法）：

$$B_{cooling}=D_{cooling}\times 24\times\Delta U\times A_G \tag{4-76}$$

$$B_{heating}=D_{heating}\times 24\times\Delta U\times A_G \tag{4-77}$$

$$E_{energy}=B_{cooling}\times P_{elec}\times B_{heating}\times P_{gas} \tag{4-78}$$

式中：$B_{cooling}$——总制冷能源节约量，$kW\cdot h/a$；

$B_{heating}$——总制热能源节约量，m^3/a；

$D_{cooling}$——年制冷和制热天数，d；

ΔU——总热量转换系数；

A_G——总绿色屋顶面积，m^2；

E_{energy}——总建筑节能效益价值量，元；

P_{elec}——区域电价，元 /（kW · h）；

P_{gas}——区域平均燃气价格，元 / m^3。

（8）水资源再利用

除增加地表下渗率外，EI 还具有雨水蓄积的功能。虽然，当前我国 EI 建设基本没有设置雨水回用结构，但淡水资源越来越紧缺的当今社会，未来我国 UEI 技术也可能会进行这项措施的改造。为此，本书对微观尺度 EI 的社会经济效益评价中设置了雨水资源利用的指标，主要通过雨水回用量价值来进行衡量。

①方法。微观尺度 EI 的水资源再利用效益的存在与否以及计算与否，需根据是否设置集水设施来判定。仅有存在集水设施的 EI 措施存在水资源再利用效益。其雨水回用量可以根据储水设施的容积和实际用量记录（安装独立水表）进行计算。

②效益及其价值化方程：

$$E_{reuse}=Q_{reuse}\times P \tag{4-79}$$

式中：E_{reuse}——雨水回用价值，元 / a；

Q_{reuse}——雨水回用量，m^3 / a；

P——区域自来水水价，元 /m^3。

（9）休闲娱乐

“可达性”一词由来已久，是从人本视角出发的城市空间易行，其数值由流量潜力，即服务范围内的人口数量（N_f，人）来表示。EI 具有提供休闲娱乐场所的功能，因此可利用 EI 场地建设的服务人次作为 EI 建设项目休闲娱乐效益的评估指标。

①方法。EI 场地休闲娱乐效益评估的关键是要明确服务人次，通常可采用场地开放空间可达性进行评估。基于研究角度和研究对象大小的不同，国内外学者对开放空间可达性的计算在方法上有所不同。图 4-8 为基于数值模拟（GIS 的网络分析功能）的开放空间可达性评估方法框架，所需数据如表 4-15 所示。其中，步行平均速度推荐

选用 67 m/min；公共交通速度以所在城市的最大限速和平均地铁速度为准。此外，除城市公园、滨水步道需要考虑公共交通，其他情况均仅考虑步行流量潜力。

表 4-15 开放空间可达性研究基础数据

序号	数据类型	数据描述
1	土地利用数据	用于识别研究对象的位置，及其周边开发用地的类型
2	三维室外步行网络数据	包括人行天桥、行人隧道、步行道等
3	道路中心线网络数据	公共交通网络（机动车、地铁）
4	人口数据	根据已统计的面板数据，或实地调研

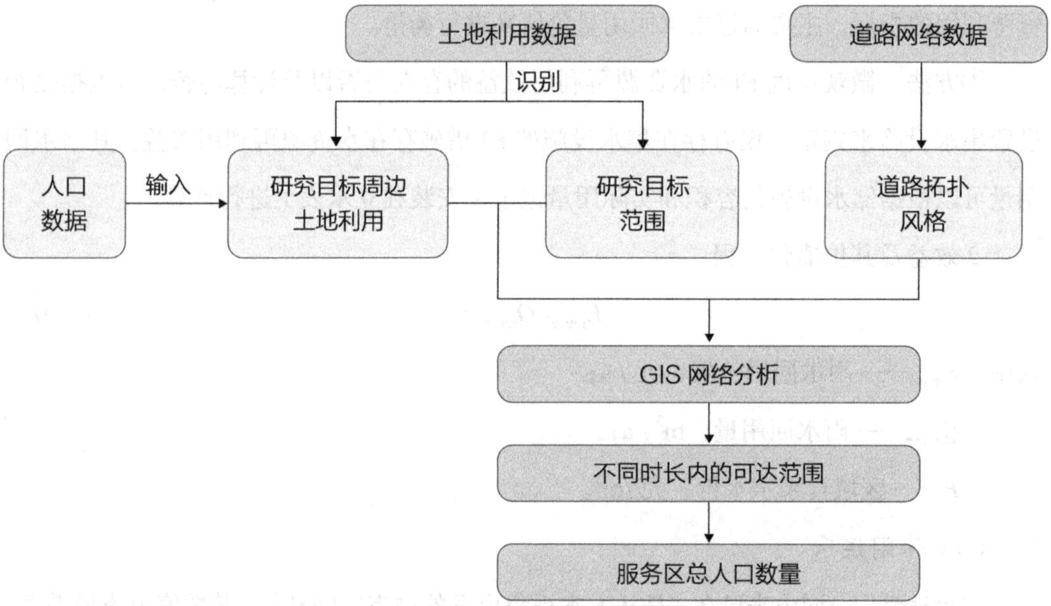

图 4-8 基于 GIS 网络分析的开放空间可达性基础操作步骤

②效益及其价值化方程：

$$N_t=A_f \times n_f \times \gamma \times \tau \tag{4-80}$$

式中：N_t——EI 场地的服务人次，数据来源于场地可达性分析；

A_f——场地服务面积，数据来源于场地服务可达性分析；

n_f——场地服务范围内的人口密度，数据来源于数据统计；

γ——服务范围内享受 EI 场地服务的人员百分比，数据来源于问卷调查；

τ——服务人群的年均场地服务使用次数，数据来源于问卷调查。

③效益价值化方程。结合居民支付意愿，EI 场地的休闲娱乐效益价值计算如下：

$$E_{leisure}=P\times N_t \tag{4-81}$$

式中：$E_{leisure}$——EI 场地休闲娱乐效益价值量，元 /a；

P——人均休闲娱乐支付价格，元 / 人次，数据来源于居民支付意愿调查。

（10）公共健康

随着城市化进程的加快，城市生活压力不断增加，以及快节奏生活下不健康的生活习惯，都对人的身心健康和认知产生了不利影响。大量的科学试验和观察性的研究证实 EI 有益于促进人类的健康和福祉，对包括哮喘、心血管健康、老年痴呆，以及在生育健康、心理健康、死亡率、压力等具有正面效益。

①方法。居民公共健康可通过居民的安全感、归属感以及获得感做出反应。因此，基于马斯洛需求层次理论，设计反映公共健康的调查问卷，可对比获得 EI 建设的公共健康效益。再结合居民的支付意愿，可用于评估 EI 的公共健康效益价值。

具体指标的设置及数据处理方法可参考相关文献。

②效益计算。由于各感知的权重赋值依据不同研究区存在差异性，因此本书不做详述，具体可以参考相关文献。

效益价值化方程：

$$E_h=n\times P_h\times\mu \tag{4-82}$$

式中：E_h——居民景感满意度价值量，元；

n——服务范围总人数，人，计算方法参照开放空间可达性计算方法；

P_h——居民对 EI 措施所提供的满意度的支付价格，数据来源于支付意愿调查；

μ——服务比率，代表受访人群中愿意接收服务的人群比，数据来源于问卷调查。

4.3 生态基础设施景感满意度评估方法

根据已有的理论基础和文献资料，本节从使用者的需求和偏好出发，尝试构建一种基于景感生态学的生态基础设施效益评估体系——景感满意度评估方法体系。定义景感满意度概念，并从使用者角度分析生态基础设施景感满意度的影响因素，设计景感满意度评估模型，结合 ACSI 模型对各变量关系进行假设，并根据潜变量选择构建评价指标库。

4.3.1 相关概念定义

4.3.1.1 景感满意度概念

愿景呈现的双向性是景感生态学中景感营造的原则之一，是指设计者和建设者将传统文化或精神思想融入景感的规划建设中，而建设者和使用者能够通过景感呈现方式或体验感受到这些景感，进而产生共鸣，甚至对个人言行或思想产生影响；居民是城市的主体，城市建设基于居民的需求，也服务于居民，因而居民的感知和感受对于宜居型城市建设十分重要。

在理论支持和现实需求的双重背景下提出景感满意度这一概念。景感满意度（Landsenses satisfaction）是指使用者基于景感生态学，结合个人需求和偏好从视觉、听觉、触觉、味觉、嗅觉等物理感知和精神、文化等心理认知层面其对景感要素及其生态系统服务的满意度评价，本书定义的景感满意度的内涵包括以下 3 个方面：

①景感满意度的研究主体为景感的使用者，即体验过景感的人员或对景感有较全面了解的潜在使用者。与顾客满意度、居民满意度和游客满意度不同，景感满意度研究主体没有人群限制，可以包括城市常住居民与流动人群（如游客），只要其参与、体验或了解景感的建设过程，即可成为景感满意度的研究主体，对景感营造的成果进行评价。

②景感满意度应从人的物理感知和心理认知两个方面出发进行评价，其中物理感知为人类通过视觉、嗅觉、听觉、味觉和触觉等感官获得的直接感知；心理认知指外在环境引起人的情绪、感情等的心理活动。马斯洛在需求层次理论中提出人对外在环境的需求从生理和物质逐渐上升到自我实现，这一变化正是人类对外界的物理需求到心理和精神需求的变化。景感满意度受使用者的个人需求与偏好影响，因而在评价中需要充分考虑使用者从物理和心理两个方面对外在环境各属性的感知，保证评价的全面性和有效性。

③景感满意度的评价内容应包括研究客体本身及其产生的影响或效益。景观、建筑、画作、歌曲等任何形式的景感都可以直接被使用者的感官感知，产生直接的物理感知，同时，景感所传递的愿景或精神等潜在效益也是评价的重要组成部分。建筑、景观等有形的景感通过不同的造型设计和颜色搭配给人以感官上的舒适享受，而画作、口号、语言、标志与景观相融合也会对使用者的精神状态、心理感情等方面产生影响，也具有激励、促进或规范人类言行等无形的效益。

4.3.1.2 生态基础设施的景感满意度概念

推广生态基础设施的应用是实现我国碳达峰与碳中和“双碳”目标的有效手段之一，最大化发挥生态基础设施效益，既能改善城市环境质量，减少碳排放的同时又能改善城市形象，提升居民的幸福感。城市居民不仅是生态基础设施的受益者，更是城市规划与建设的重要参与者。居民在日常生活中，不仅间接地享受生态基础设施提供的固碳释氧、雨水净化、降温增湿等服务，也会从生态基础设施的结构设计中获得视觉享受、释压放松、身心愉悦等感官和心灵的舒适体验。

根据文献梳理，生态基础设施的效益评估方法种类众多，但大多数方法仅从生态系统服务的生产者角度出发评估了生态基础设施所产生或带来的生态效益或经济效益，而城市居民作为受益者，不仅直接感受生态基础设施带来的生态、经济效益，也受到其带来的心理影响。而景感满意度在评估生态效益的基础上也包括心里效益感知的评价，更加全面，因而本书选择从使用者的角度出发运用景感满意度的方法间接评估生态基础设施效益。

基于对生态基础设施效益和景感满意度评估等概念的明晰和相关研究的梳理，本书对生态基础设施的景感满意度进行定义，即生态基础设施的使用者在了解或体验过生态基础设施后对该景感的满意度评价。其中，使用者包括游客、居民、建设工人等直接体验过该设施的人员以及虽未体验过但充分了解该设施的人员；生态基础设施的满意度评价中不仅应考虑其建设本身的组成结构和布局设计给居民带来直观的物理感知，还应考虑生态基础设施产生的净化空气、降温增湿、径流滞蓄、固碳释氧等效益可能带给居民的物理和心理的影响。本书仅考虑具有公共物品属性的生态基础设施，公众无须付费即可享受服务，从中获得效益。

4.3.2 生态基础设施的景感满意度影响因素模型设计

评价公众对生态基础设施的景感满意度，是生态基础设施工程前期规划的重要参考，也是已建成项目后期改进与优化的主要方向，更是打造“以人为本”的宜居型城市的支撑。为从使用者的角度更全面地评估生态基础设施效益，基于本书的评价目的和已有的效益评估研究，本书选择使用满意度评估方法对其进行景感满意度评估，选用 ACSI 模型构建景感满意度模型，从使用者物理感知和心理感知两个角度出发设计景感满意度评估的潜在变量，根据理论和文献资料假设各潜在变量的关系并进行验证，最终构建生态基础设施的景感满意度模型。

4.3.2.1 潜在变量选取

首先，ACSI 顾客满意度模型是基于顾客角色设计的，存在企业品牌、购买频率、价格等因素，对于无须购买的公共物品而言，使用者更注重服务体验，不受价格进入门槛、有偿使用、制造方品牌形象等问题的影响。因而本书选择 ACSI 模型作为模型构建的基本框架，并去除顾客抱怨与顾客忠诚两个潜在变量。

满意度是综合人类对客观事物的认知和主观感受的心理评价，更具体的表现为物品或服务带来的感受与预期的差异。当体验感达到甚至超过预期值，则体验者的满意度会很高；若体验感低于体验者的预期程度，则其满意度较低甚至不满意，这也是顾客期望为模型外生变量的原因之一。

其次，感知质量本意为顾客对购买的产品或服务具体的质量的评价，感知价值为顾客对产品或服务的性价比的评价。对于本书而言，尽管被评价对象不存在价格因素等特点，但基于景感生态学理论和马斯洛的需求层次理论，使用者在体验服务时会对生态基础设施产生质量感知和心理认知，其中物理感知也会影响心理认知，而心理认知更多地体现的是使用者对生态基础设施的内在价值感受，是“性价比”的另一种体现。因而本书中删除 ACSI 顾客满意度模型中的感知质量和感知价值潜变量，增设物理感知和心理认知两个潜变量。此外，康德、叔本华等学者均对感官感知和知性认知以及审美认知进行了理论分析，其中，对视觉的感知和认知进行了区分，感知即人类主体通过眼睛看到物体在视网膜上的成像，认知则为主体通过视觉和听觉等方式结合个人经验与偏好产生的快乐、愉悦等感觉。李哲也强调了城市建设与人们物质和精神生活相结合的重要性，并将人们结合个人感知从而产生对事物改造后的认知定义为“美学观念”。诸如“设计美观”“颜色协调”等评价即为使用者对生态基础设施客观结构或设计的感知，受个人偏好影响较大。由于人们的成长环境不同，对美的认知不同导致其产生的评价也不同，因而难以将其划定为物理感知还是心理认知，对此，本书将此类具有个人感情色彩的感官或物理感知单独设置潜变量，并将其定义为审美认知。

因而，在生态基础设施的景感满意度评估模型中，将对使用者期望、物理感知、审美认知和心理认知 4 个潜在变量和景感满意度一个观测变量的路径关系进行分析探究。

4.3.2.2 变量路径关系假设

结构方程模型中各变量之间可能存在直接影响或间接影响关系，路径关系并非单一的影响，因而本书将依据理论基础和已有研究对使用者期望、物理感知、审美认知、心理认知 4 个潜在变量和景感满意度的关系进行分析，提出相应路径关系假设，从而构建景感满意度模型。

（1）使用者期望与其他变量的路径关系假设

使用者期望是指使用者通过获得的关于评价对象的综合信息预估该工程或项目可能达到的水平，从而产生使用者的预期值，其中预期评价包括对其总体期待、结构质量的期望、潜在的功能效益的期望等。因而本书认为使用者对产品或服务本身的期望是满意度评价的基础，基于此，做出以下假设。

H1：使用者期望对物理感知有显著负向影响。

H2：使用者期望对审美认知有显著负向影响。

H3：使用者期望对心理认知有显著负向影响。

H4：使用者期望对使用者景感满意度有显著负向影响。

（2）物理感知与其他变量的路径关系假设

本书中的物理感知即景感生态学中的物理感知，指的是使用者通过感官直接感知到的生态基础设施的客观情况，也可称为生理感知。马斯洛需求层次理论中指出，生理物质需求是其他需求出现的基础；使用者更高层次的认知来源于感官从外界获得的信息，全面而积极的物理感知有助于使用者产生正向的审美和心理认知，因而研究认为物理感知对审美认知可能存在正向影响。此外，注意恢复理论和压力恢复理论都阐述了关注自然，与自然接触对人类心理和情绪有积极作用，基于以上信息，做出以下假设。

H5：物理感知对审美认知有显著正向影响。

H6：物理感知对心理认知有显著正向影响。

H7：物理感知对使用者景感满意度有显著正向影响。

（3）审美认知与其他变量的路径关系假设

使用者在客观认知其表面形象和结构后，结合个人偏好产生感性认知，领悟其特殊感受力的能力即审美能力，审美与一般情感不同，其表现为主体对具有丰富内涵的组织结构审美对象产生的特殊感受力，是通过体验领悟对象的内在含义。人类产生的审美认知会刺激主体产生心理和情绪反应，例如，不同颜色给观察者带来不同的氛围感，使人产生不同的情绪。生态基础设施组成元素和结构设计方式丰富多样，居民对其的审美认知也将是景感满意度的重要影响因素。

基于此，做出以下假设。

H8：审美认知对心理认知有显著正向影响。

H9：审美认知对使用者景感满意度有显著正向影响。

（4）心理认知

已有研究证明城市绿地等城市景观能够缓解居民焦虑和抑郁情绪，根据韩林桅对心理认知的定义，本书认为心理认知为使用者对某一环境认知后产生的心理感受和情绪状态，诸如放松、愉悦、平静等情绪，也包括安全感、私密感、归属感等心理感受，目前这些心理感受和情绪已被证实对使用者的满意度具有重要影响。基于此，做出以下假设。

H10：心理认知对使用者景感满意度有显著正向影响。

上述 10 条路径假设均为两变量之间的直接关系假设，其中，物理感知、审美认知和心理认知是内生变量，既受其他因素影响，也会影响其他变量，在其他变量之间可能存在中介作用，因而，研究补充以下假设。

H11：物理感知在居民期望对景感满意度影响中起中介作用。

H12：审美认知在居民期望对景感满意度影响中起中介作用。

H13：心理认知在居民期望对景感满意度影响中起中介作用。

H14：审美认知和心理认知在居民期望对景感满意度影响中起多重中介作用。

H15：物理感知、审美认知和心理认知在居民期望对景感满意度影响中起多重中介作用。

4.3.2.3 模型设计

根据前文的潜变量设定和路径关系假设，构建如图 4-9 所示的生态基础设施的景感满意度结构方程模型。

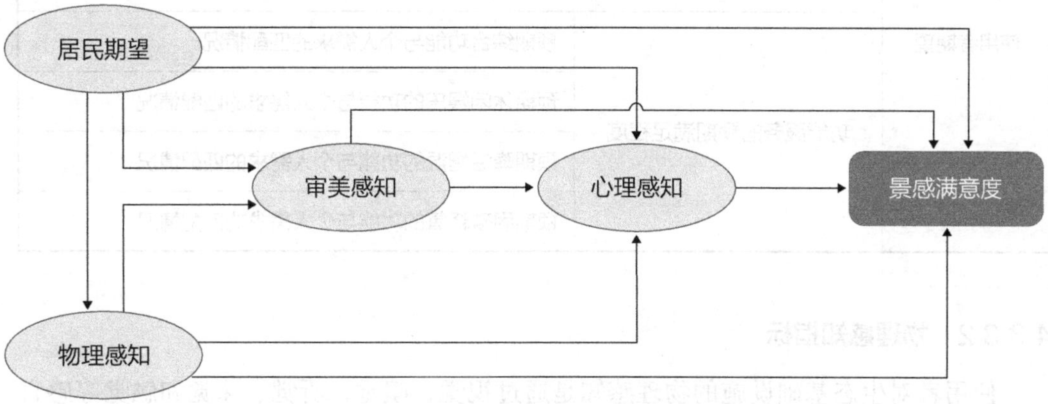

图 4-9 生态基础设施的景感满意度结构方程模型

4.3.3 评价指标库构建

由于难以真实且直接地测量使用者期望、物理感知、审美认知和心理认知 4 个潜变量，需要通过具体的指标和问题进行测度，因而本书将构建生态基础设施景感满意度的评价指标库，指出各潜变量的具体评价内容，也为生态基础设施景感满意度评价的实践应用提供框架。

4.3.3.1 使用者期望指标

使用者期望包括使用者对评价对象的质量、个性化、可靠性的期望值以及对其总体的期望值，基于前文综述，结合生态基础设施的特点，设置以下指标，详见表 4–16。

其中，二级指标“功能服务的预期满足程度”下的三级指标可根据生态基础设施的主要功能进行增减调整。

表 4–16 使用者期望的指标设置

一级指标	二级指标	三级指标
使用者期望	总体的期望值	总体的期望值高低
	个性化设计的期望值	元素配置的期望值高低个性化设计的期望值
		色彩搭配与外形设计的期望值高低使用者期望
	功能服务的预期满足程度	预期综合功能与个人需求的匹配情况
		预期休闲娱乐的功能与个人需求的匹配情况
		预期降温增湿的功能与个人需求的匹配情况
		预期固碳释氧的功能与个人需求的匹配情况

4.3.3.2 物理感知指标

使用者对生态基础设施的物理感知是通过视觉、嗅觉、听觉、味觉和触觉等感官获取直接信息，因而物理感知将根据五官可能的感知信息设置指标体系。其中，视觉观察可以让使用者了解景感的结构组成与空间格局；嗅觉可以让使用者感受到植物、动物和人类活动残留在空气中的气味；听觉可以让使用者听到风声、动物鸣叫的清脆声，人类唱歌说话和人类活动产生的噪声；味觉多反映在植物果实或茎叶等可直接食用部分食用后的感受；触觉则可以感觉到空气的温度、湿度，建筑和设施的质地等。结合前文综述，从生态基础设施还可能产生的效益角度出发设置以下指标，详见表 4-17。

表 4-17　物理感知的指标设置

一级指标	二级指标	三级指标
物理感知	视觉	物种丰富度
		绿化率高低
		河流 / 湖泊水质
		道路积水程度
		能见度
	听觉	动物叫声
		人类活动的噪声
		水流声
	触觉	空气湿度
		空气温度
		道路平整度
		地面铺装的软硬程度
		围栏的坚固程度
		植物的触感
	嗅觉	植物散发的清新芬芳味道
		水体散发的气味
		汽车尾气的味道
		空气整体的清新度
		植物果实散发的气味
	味觉	果实的味道
		果实的水分

4.3.3.3 审美认知指标

审美认知中不仅包括使用者对生态基础设施的外形美观度评价，还包括其对设计者所融入的理念、文化、愿景的领悟情况。因而基于前文综述，审美认知指标设置见表4-18。

表4-18 审美认知的指标设置

一级指标	二级指标	三级指标
审美认知	感官舒适度	布局设计的优美度
		颜色搭配的视觉舒适度
		空气温度舒适度
		光照舒适度
		休憩设施设计的合理度
		果实的口感
		视野开阔度
		地面铺装的舒适度
	愿景与文化的领悟	信仰文化传播
		城市文化体现
		生态环保主题

审美感中二级指标“愿景与文化的领悟”的三级指标应根据生态基础设施设计者所融入的理念与愿景进行调整设计。

4.3.3.4 心理认知指标

根据马斯洛需求层次理论、景感生态学和景观心理学等理论基础，本书对心理认知设置以下指标（表4-19）。

表 4-19 心理认知的指标设置

一级指标	二级指标	三级指标
心理认知	安全感	在环境中的安全感被认可的归属感
	归属感	个人文化 / 喜好被尊重，无歧视
	尊重交流感	与邻里 / 他人交流谈论的意愿程度
	幸福感	温馨幸福的感觉
	积极情绪	身心放松、愉悦
	缓解心理负担	缓解压力 / 焦虑状态
	精神或负面情绪	减轻抑郁情绪 / 提高注意力
	教育意义	增进对生态环境的了解

在实践应用中，心理认知指标需根据评价对象的设计理念、当地人文背景与地理环境等特点调整设计。

第5章

案例：粤港澳大湾区生态基础设施规划与评估

5.1 研究区域介绍

本节根据研究现象将空间尺度分为宏观尺度、中观尺度以及微观尺度。其中，宏观尺度表示国家、省级、城市群或大流域等较大的空间范围，中观尺度是指单个城市或区县等中等大小空间范围，微观尺度表示社区、场地或者小型流域等较小的空间范围。

宏观尺度研究区为粤港澳大湾区（包括广东省深圳市、广州市、佛山市、珠海市、江门市、东莞市、中山市、惠州市、肇庆市和香港特别行政区、澳门特别行政区），总面积约5.59万km^2。近年来，粤港澳大湾区各区域间合作稳步深化，基础设施、投资贸易、金融服务、科技、教育、休闲旅游、环保、社会服务等领域合作不断深化，全方位多尺度的合作模式初步形成。粤港澳大湾区是一个人口密集、经济发达、城市空间有限的高度城市化的区域。第七次全国人口普查数据显示，粤港澳大湾区总人口可达8 617.18万人。随着城市建设与生态用地矛盾日益突出，其发展面临诸多挑战，例如，区域发展空间受限，资源能源限制日趋严格，环境负担日益加重，人口红利逐步减小，削弱了城市生态系统的功能。因此选取粤港澳大湾区作为宏观尺度研究对象，极具代表性与必要性。

中观尺度选取惠州市作为案例区。惠州市地处粤港澳大湾区东部，是珠三角地区中心城市之一。全市土地面积 11 347 km^2，海域面积 4 519 km^2，海岸线长 281.40 km，是广东省海洋大市之一。辖区内有博罗县、龙门县、惠东县、惠城区以及惠阳区，设有两个国家级开发区（惠州仲恺高新技术产业开发区、惠州大亚湾经济技术开发区）。惠州市地处亚热带海洋性气候区，气候温暖湿润，全年雨量充沛。地势东、北部高，西南部低，主要有山地、丘陵、台地、平原等地形。根据第七次全国人口普查数据，惠州市常住人口 604.29 万人，流动人口众多。近年来，随着城市发展进程的加快，惠州市域内城市内涝、土壤侵蚀、城市热岛效应以及生态空间破碎化等环境问题突出。

微观尺度选取木沥河流域作为研究对象。木沥河流域属三栋镇管辖，地处广东省惠州市惠城区南郊，被列为珠江三角洲经济开放区重点工业卫星镇。木沥河流域总面积 29.5 km^2，其中不透水面积占 28%，主要集中分布于三栋镇中部。与其他乡镇不同的是，镇政府制定了城镇化、工业化、现代化的发展政策，走“工业建镇”的发展道路。镇内已建成 4 个工业园区，面积超过 200 万 m^2，入驻港、台和内资企业 100 余家，其中占地 60 km^2 的惠州市惠城区数码工业园，是惠州市今后工业发展的中心。截至 2020 年年末，三栋镇总人口约 9.8 万人，其中户籍人口 3.1 万人，仅占总人口的 1/3。地方产业结构升级必然导致 3 种产业之间的劳动力流动，进而通过吸纳更多劳动力形成集聚优势。流动人口的涌入，使人口密度显著增加，城市生态用地短缺。地表不透水面积的快速增加以及密集的人口成为研究区雨水生态系统发生变化的主要原因。该地区季风气候对其雨洪管理提出了严峻挑战。降雨集中的 4—9 月暴雨和强对流天气频发，经常淹没集水区管网系统并造成洪涝灾害。山地、丘陵地貌及台风灾害都是导致该区域雨水基础设施压力较大的关键因素。基于此，将木沥河流域作为研究区具有一定的代表性，有助于探索实施类似于研究区的其他城市远郊区雨洪管理、海绵城市建设对策措施。

5.1.1 地理环境

从地理位置上看，粤港澳大湾区位于我国南部，地处北纬 21° 34′ 2″—24° 23′ 32″、东经 111° 21′ 24″—115° 25′ 18″，总面积约 5.59 万 km^2，受亚热带、热带季风气候影响，冬暖夏常，雨水充沛，干湿两季分明，年均气温 21.8℃，年均降水量 1 789.3 mm，且地势北高南低，北依南岭，南临南海，地貌类型多样。

5.1.2 战略地位

粤港澳大湾区是我国开放程度最高、经济发展活力最强的地区之一，由广东省珠三角九市（广州市、深圳市、珠海市、佛山市、惠州市、东莞市、中山市、江门市和肇庆市）联合两个特别行政区（香港特别行政区和澳门特别行政区）组成，是继美国纽约湾区、旧金山湾区、日本东京湾区之后的全球第四大湾区。数据显示：截至 2015 年年末，地区总人口达 6 669.93 万人，到 2020 年，地区人口升至 8 617.18 万人，近 10 年内的人口增长速度远超第七次全国人口普查公布的平均增速（5.38%）；同时，2015 年粤港澳大湾区开始进入城市化发展的成熟阶段，除肇庆市外，其余城市城市化率均高于 65%；此外仅 2015 年，大湾区就产出了我国 12% 的经济总量，聚集了全国约 20% 的港口吞吐量以及约 40% 的进出口贸易额。2019 年年初，中共中央、国务院印发并实施《粤港澳大湾区发展规划纲要》（简称《规划纲要》），明确提出了粤港澳大湾区的五大战略定位：充满活力的世界级城市、具有全球影响力的国际科技创新中心、“一带一路”建设的重要支撑、内地与港澳深度合作示范区、宜居宜业宜游的优质生活圈，旨在把粤港澳大湾区打造成为世界级可持续发展城市群。

5.1.3 生态环境现状

在经历了人口、经济、资源土地等关键人地系统要素的重新组织、配置和融合发展，粤港澳大湾区已实现了从农业地区向世界级湾区的蜕变，但由于长期缺乏科学合理的国土体系地域空间规划和对国土空间开发的严格管理，大规模的土地征用、无序开发、空间失控、规划建设布局不合理等问题，使得粤港澳大湾区也成为我国人居矛盾较为突出的地区。城市热岛、城市内涝、空气污染、水污染、海洋污染等一系列生态环境问题层出不穷，尤其是水环境污染问题，严重威胁着区域的饮用水安全，成为粤港澳大湾区城市环境中最迫切需要解决的问题。同时，大面积、快速的城市扩张，也导致了区域内生态用地的挤压。2000—2020 年粤港澳大湾区土地利用数据显示：2010—2020 年粤港澳大湾区城市扩展速度增快，建设用地同比增长是 2000—2010 年的 8.6 倍；生态用地中耕地的压缩量最大，高达 3 800 km^2，森林次之，压缩面积约 2 500 km^2，草地压缩面积约 798.2 km^2，水域压缩面积约 214.3 km^2。大面积的生态用地压缩，严重地破坏了原有区域生态格局。为改善大湾区生态环境质量，政府试图通过生态廊道建设的形式连接破碎斑块，稳固区域生态安全格局，并出台了一系列相关导则和规划方案。城市生态环境可持续发展，已成粤港澳大湾区乃至我国生态建设的一项重要任务。

5.2 粤港澳大湾区多尺度生态基础设施规划

5.2.1 数据介绍

粤港澳大湾区多尺度生态基础设施规划所使用的数据包括粤港澳大湾区官方规划文件与统计数据、空间要素数据和问卷调查数据 3 种类型。这些数据共同构成了本小节研究的基础数据库。

5.2.1.1 统计数据与规划文件

统计数据能够反映城市社会经济相关属性信息。粤港澳大湾区相关规划文件准确说明了城市发展方向。本书所使用的地区生产总值、环保投资占比、$PM_{2.5}$ 月均浓度等统计数据（不含港、澳）主要来自《广东统计年鉴 2020》《惠州统计年鉴 2020》《深圳统计年鉴 2020》《广州统计年鉴 2020》《肇庆统计年鉴 2020》《中山统计年鉴 2020》《珠海统计年鉴 2020》《东莞统计年鉴 2020》《江门统计年鉴 2020》和《2020 佛山统计年鉴》，以及各城市各区统计年鉴、2019 年国民经济与社会发展统计公报等官方统计数据。本书所使用的规划文件包括《珠江三角洲绿道网总体规划纲要》《广东万里碧道总体规划（2020—2035年）》《广州市碧道建设总体规划（2019—2035年）》和《深圳市碧道建设总体规划（2019—2035）》。

5.2.1.2 空间要素数据

本书使用的空间要素数据包括卫星遥感数据、Open Street Map路网/河网数据、土地资源类数据等类型。具体包括数据基础年份为2019年空间分辨率为0.41 m的木沥河流域航拍影、10 m/30 m的土地利用数据（http：//data.ess.tsinghua.edu.cn/、GlobeLand 30地表覆盖数据）、30 m的数字高程数据集（地理空间数据云）、500 m的NDVI数据（MOD13A3数据）、1 km的NPP、100 m的人口空间分布公里网格数据、1 km的月均二氧化碳排放量、气温降水数据及土壤数据（国家气象科学数据中心/国家青藏高原科学数据中心）以及木沥河示范工程逐分钟每日降雨数据。以上数据除航拍影像和实测降雨数据外，其他数据均覆盖粤港澳大湾区、惠州市、木沥河流域3个尺度的研究区域，表5-1为空间要素数据详情。

5.2.2 宏观尺度一级生态基础设施规划

5.2.2.1 生态核心区识别体系

（1）单一指标重要性空间分布

粤港澳大湾区单一指标重要性的空间格局揭示了不同生态过程对区域生态安全的影响与作用。从空间分布情况来看，城镇建设用地占比、道路密度、人口密度、二氧化碳排放量、$PM_{2.5}$平均浓度、环保投资占比、地区生产总值等社会经济指标高值区均集中分布于粤港澳大湾区中南部，沿珠江入海口的海湾一侧，且道路密度、城镇建设用地占比越高的区域对应的人口密度、地区生产总值、二氧化碳排放量与$PM_{2.5}$平均浓度也越高；但从单位地区生产总值建设用地面积指标评估结果来看，建设面积越广的中—南部地区值较低，这是由于地区生产总值高值区域集中分布于城市建成区尤其是城市经济中心，因此经济较发达地区可以在更小的单位面积建设用地上创造出更多的产值，对应的单位地区生产总值建设用地面积越低。另外，自然性指标与社会经济类

表 5-1 空间要素数据详情

数据名称	数据来源	年份	分辨率	描述
NPP 数据集	MODIS NPP 数据：https://lpdaac.usgs.gov/product_search/	2019	500 m×500 m	评估生态系统水土保持、水源涵养、生物多样性服务功能重要性以及固碳释氧能力等指标
NDVI 数据集	MOD13A3 数据：https://lpdaac.usgs.gov/product_search/	2019	500 m×500 m	
气象数据集（气温、降水）	国家气象科学数据中心（http://data.cma.cn/）	2019	1 km× 1 km	
土壤数据集	国家青藏高原科学数据中心（http://data.tpdc.ac.cn）	2017	时间分辨率为月，空间分辨率为 0.05°	
土地利用数据集	http://data.ess.tsinghua.edu.cn/	2018	10 m×10 m	评估微观尺度生态系统水土保持、水源涵养、生物多样性服务功能重要性，生态敏感性；根据土地利用类型，选择 LID 适宜用地，优化管控空间规划设计方案
	GlobeLand 30 地表覆盖数据	2019	30 m×30 m	评估宏观、中观尺度生态系统水土保持、水源涵养、生物多样性服务功能重要性，生态敏感性
高程数据集	地理空间数据云	2010	30 m×30 m	评估宏观、中观区域地形位指数、构建生态阻力面等
	无人机航拍数据	2019	1.4 m×1.4 m	评估微观区域地形位指数、构建生态阻力面等；计算排水渠及排水坡度大小，选择 LID 适宜用地，用于优化管控空间规划方案；用于汇水分区划分，评估 LID 规划生态效益
谷歌遥感影像	Google Earth	2019	38 m×38 m	基于深度学习识别并提取建筑物轮廓，选择 LID 适宜用地，优化 LID 规划方案
路网数据	https://www.openstreetmap.org/	2019	—	评估区域道路密度、交通生态敏感性等
河网数据	https://www.openstreetmap.org/	2019	—	生态功能重要性、生态敏感性评估；提取河流生态廊道；根据道路河网缓冲区距离选择 LID 适宜用地，优化管控空间规划方案
人口空间分布公里网格数据	https://www.worldpop.org/project/categories?id=3	2019	100 m×100 m	人口密度、人均 GDP 评估，以表征人口数量可能对生态系统资源能源产生的压力
二氧化碳排放量	https://db.cger.nies.go.jp/dataset/ODIAC/DL_odiac2020b.html	2019	时间分辨率为月，空间分辨率为 1 km×1 km	二氧化碳排放量评估，以表征人类活动对生态环境产生的影响
逐分钟每日降雨数据	实时监测	2019	—	用于 SWMM 模型水文水质模拟，评估 LID 规划生态效益

指标高值集中区空间分布位置相反。一方面城镇建设用地占比、人口密度、地区生产总值越高的区域林草覆盖度、水源涵养、生物多样性、水土保持、固碳释氧等重要性值越低；另一方面水源涵养指数、水土保持功能指数、林草覆盖度、生态用地占比等高值区大面积分布于东—西—北部的莲花山脉—罗浮山脉—九连山脉—青云山脉—滑石山脉—七星岩—云雾山脉等大型山脉，这类区域植被覆盖度高、生物多样性丰富、水土保持较好，具有较高的生态系统服务功能价值。从海洋功能区的海洋生态敏感性指标来看，本书发现离海洋保护区、保留区距离越近其重要性与敏感性程度越高，而这类区域往往也是海岸带人类活动密集的建设用地、港口码头区，尤其需要注意这类区域与周边人类用地的协调发展。

（2）生态源地重要性评价

粤港澳大湾区生态源地重要性综合评估结果是通过加权叠加城镇建设用地占比、道路密度、地形位指数、人均GDP、林草覆盖率、人口密度、海洋功能区、海洋生态系统敏感性指数、陆域生态系统敏感性指数、水源涵养指数、水土保持功能重要性指数、生物多样性指数、固碳释氧指数、二氧化碳排放量、$PM_{2.5}$平均浓度、单位GDP建设用地面积、环保投资占比、地区生产总值18项评估结果得出的。粤港澳大湾区呈东—西—北三面环山的半环状，地形自东—西—北面的莲花山脉—罗浮山脉—九连山脉—青云山脉—滑石山脉—七星岩—云雾山脉等大型山脉到山前冲积扇、河流入海口冲积平原，河流多支流从东—西—北三面向南汇入南海，在南部海湾沿岸会出现次一级地势较高区，多为沿岸低山丘陵地形，如将军山、五指山、东莞莲花山，导致生态源地重要性高中低等级分布具有明显的空间异质性。相应地生物多样性、水土流失发生频次基本由东—西—北三面向南面递减，粤港澳大湾区的东—西—北三面地区集中分布了大面积生态源地，由于山体连绵地区因其生态环境好，土地利用强度不高聚集了丰富的生物物种，生态环境敏感性程度高需要重点保护；同时因山脉面积广大，更能充分能够发挥多种生态系统服务功能，通常来讲山脉也是生物物种迁徙和扩散的重要通道，具有非常重要的生态意义。因此，该区域生态源地重要性程度更高。

（3）生态核心区识别与优化

①最小图斑面积阈值的设定。一般来说，生态核心区面积越大，植被质量和植被

覆盖度越好，越有利于物种多样性的保护。筛选生态源地重要性评估结果中重要性等级为 4/5 级的图斑，识别过程设置的最小面积图斑大小对生态源地的数量产生直接影响。生态源地图斑数量随着最小面积阈值不断增加而快速减少。生态源地斑块数量在最小面积阈值增加到 2 km^2 之后，减少趋势开始出现平缓。虽受到最小面积阈值的影响，但生态源地图斑面积占区域总面积的比例基本保持在 49% ～ 50% 区间微小波动，说明被剔除的斑块虽然数量众多，但面积较小、分布较为离散，对整体格局影响不大。但在 2 km^2 处出现缓和下降后趋于稳定，故设定粤港澳大湾区尺度最小图斑面积阈值为 2 km^2。初步得到的生态源地斑块破碎，结合宏观尺度最小面积阈值设定结果，聚合（ArcGIS 图斑聚合模块可实现）删除面积小于最小面积阈值且分散的图斑。

②基于连通性指标的生态核心区识别与优化。景观连通性是维持生态源地景观功能和生态流量扩散的重要前提，对保护生物多样性和维持生态系统稳定具有重要意义。基于计算得到生态源地斑块可能连通性指数（PC）和整体连通性指数（IIC），并将 $d_{PC} > 0.5$，$d_{IIC} > 0.2$ 的生态源地斑块作为生态核心区。在此基础上结合粤港澳大湾区生态环境特点，共识别生态核心区 13 个，总面积为 31 993.18 km^2，占粤港澳大湾区总面积的 58%，最后得到粤港澳大湾区一级生态核心区。生态核心区在陆地空间上主要分布在森林、水域等自然环境质量较好的区域，包括但不限于该区内国家级 / 省级 / 市级自然保护区、国家森林公园等禁止开发区、连绵山体、湖泊、湿地，如白云山原始森林公园、莲花山、广东大东坑自然保护区、中山长江水库等；在海域空间生态核心区位于海洋保护区，如外伶仃—福田海洋保护区——猕猴、鸟类、红树林湿地为其主要保护对象，以及以保护海洋水产资源、海龟及其产卵繁殖地的大亚湾水产资源海洋保护区与广东惠东港口海龟保护区。生态核心区的识别结果与粤港澳大湾区生态发展规划基本符合。

5.2.2.2 生态廊道识别体系

（1）生态阻力面构建

粤港澳大湾区城镇化水平较高，未利用土地面积少，占用了部分生态用地补充城市建设用地，尤其是湾区中南部沿海城市。此外，湾区内林业资源、生物资源、海洋资源丰富多样，但经济建设活动导致大量优质土地资源遭到破坏，致使生态用地、海岸带地区面临着城市假设的压力，对海陆生态系统的稳定性和生态效益产生了巨大的负面影响。因此，根据粤港澳大湾区生态环境平衡和乡村生态系统维护的特点和服务功能，坡度、坡向、植被覆盖度、土地利用类型、与道路缓冲区距离等指标作为阻力因子，提取生态核心区斑块作为生态廊道的起点和终点。基于空间加权叠加分析工具，给相应的二级阻力因子进行空间加权叠加，最终生成粤港澳大湾区生态阻力面，为粤港澳大湾区生态廊道布局提供依据。从粤港澳大湾区生态阻力面分析结果可以看出，生态阻力从城市中心到郊区再到山区逐渐降低。生态阻力受人类活动影响较大，高值区以建设用地为主，主要分布在大湾区经济更为发达的中部、南部沿海的城市，比如广州市、中山市、佛山市、东莞市、深圳市等城市。受中心城市的辐射影响，珠海市、澳门特别行政区和香港特别行政区等的生态阻力值也偏高。此外，三面环山的陡峭地势也使郊区、山前冲积扇等区域生态阻力值也相对偏高。

（2）生态廊道识别

①基于 MCR 模型生态廊道提取。基于 MCR 模型结合 ArcGIS 距离分析模块，逐一生成单个生态核心区到其他斑块间的最小成本路径，并将其视为各个生态核心区到目标源的生态廊道。将所有核心区计算完成后的廊道叠加至同一图层，共得到源间生态廊道 90 条。受生态源和生态阻力面特征的影响，生态廊道分布不均，西部地区廊道明显集中，主要位于西部山区和西南部沿海地带。东部地区源间生态廊道主要位于青云山脉与莲花山脉一线。因为所有廊道图层叠加会存在重复与过源廊道的可能，因此将基于 Linkage Mapper 识别结果进行剔除冗余与过源廊道的优化。

②基于 Linkage Mapper 生态廊道提取。Linkage Mapper 是用于支撑生态核心区连通性分析的 GIS 工具。在 ArcGIS 10.5 中使用 Linkage Mapper 工具基于最小耗费路径原理生成生态流通道即生态廊道方向线。从粤港澳大湾区生态流通道分析结果来看，生态流阻力更低的区域多集中分布于粤港澳大湾区中南部区域。从地形地势上来看，这些区域多以山前冲积扇、平原为主，地势低且平坦，易于物种之间的移动与交流。最终，利用 Linkage Mapper 工具共识别出 11 条生态廊道。Linkage Mapper 模型的优势在于它几乎不存在冗余或过源廊道，因此基于 Linkage Mapper 识别结果对基于 MCR 模型识

别的源间廊道进行筛选与优化。

③基于水文分析原理生态辐射廊道提取。水文分析原理主要是模拟地表水形成径流的过程，实现河流、出水口以及流域提取。利用 ArcGIS 中水文分析模块，本书对生态累积阻力面进行最小耗费路径分析与提取。案例中根据水文分析方法，共提取出 25 条生态辐射廊道。这与利用 Linkage Mapper 工具识别生态廊道结果相反，基于水文分析得到的最小耗费路径基本分布于阻力低值区，例如，北部七星岩—云雾山脉以及东部九连山—罗浮山—莲花山脉，并呈树状沿主干道向外延伸。最后，本书需将水文分析结果与 MCR 模型、电路理论识别的生态廊道进行叠加，经筛选与优化后得到 81 条生态廊道，最终得到粤港澳大湾区生态廊道分布图。

（3）关键生态廊道提取与节点识别

本书利用 MCR 模型、Linkage Mapper 工具以及水文分析提取识别的生态廊道存在重叠或过源廊道的情况。因此，本书根据重力模型对生态核心区斑块之间的相互作用力对廊道进行了优先排序，提取关键生态廊道。基于上述 3 种生态廊道识别方法，本书共识别 81 条廊道。如表 5-2 所示，所选生态源地之间的相互作用的重要性差异显著。其中，生态核心区图斑 3 与图斑 6 之间的相互作用力仅为 0.78，两个图斑之间相互作用力最小，表明两个图斑之间的生态阻力最大，这一结果表明物种在通过此区域是能够克服障碍沿着这条路径迁移的可能性较低；相反，生态核心区图斑 1 与图斑 5 之间的相互作用力为 2 410.81，为最大值，这说明两个图斑之间具有相当强的相互作用力，相应的两者相连的生态廊道具有较弱的生态阻力，生态环境质量较好，物种选择此处迁移具有较高的可能性。鉴于图斑之间的相互作用力，本书将 7 作为阈值。相互作用力大于 7 的生态廊道为关键生态廊道，其余的为一般生态廊道。根据重力模型计算结果，本书共提取 23 条关键生态廊道，58 条一般生态廊道。其中，关键生态廊道总长度为 1 318.02 km，占所有廊道总长度的 55%，大部分集中于北部和西部地区，尤其是粤港澳大湾区西部、北部边缘山区。这些廊道主要分布在林地、灌木和水体等受人类活动影响较小的区域。这些廊道是物种迁移的低阻力通道，在未来的城市发展规划中需要优先考虑保护与维护。

生态节点是物种在迁移路径上至关重要的区域，提升生态节点的保护，对于促进生态核心区之间的连通，提升生态系统服务功能的稳定具有重要意义。生态节点是低阻力最小成本路径的交汇点或者是低阻力与高阻力之间的交点，因此，基于已有研究成果，本书选取关键生态廊道与关键生态廊道、一般生态廊道的交点作为生态节点。其中前者为关键生态节点，后者为一般生态节点，共识别 12 个关键生态节点，19 个一般生态节点。根据粤港澳大湾区关键生态廊道与生态节点识别结果可知，关键生态节点同关键生态廊道的空间分布大多集中于研究区的西部植被覆盖度、生境质量高的区域；南偏西部的珠江入海口沿岸，虽然植被覆盖度低，城市开发建设强度高，但因其处于陆海交汇的特殊地位，具有重要生态地位也集中分布着生态节点。这些区域生态环境保护与经济建设开发矛盾集中，在城市建设过程中需要重点关注并进行优先保护。

表 5-2　基于重力模型的生态核心区相互作用矩阵

重要性值		生态核心区图斑								
		1	2	3	4	5	6	7	8	9
生态核心区图斑	1	0.00	8.95	2.76	16.63	2 410.81	11.31	3.81	21.31	2.29
	2		0.00	4.71	50.81	16.61	1.78	4.70	2.85	2.14
	3			0.00	4.37	4.94	0.78	1.70	1.00	0.97
	4				0.00	29.24	2.19	2.50	2.78	1.32
	5					0.00	22.13	7.29	43.38	4.33
	6						0.00	1.95	12.43	1.50
	7							0.00	3.81	14.83
	8								0.00	2.35
	9									0.00

（4）关键生态修复区识别

生态修复区可以被认为是一系列面积较小的栖息地区域，它们可以作为物种移动的走廊，即使它们可能被相对较小的间隙隔开。生态修复区的识别是基于 Barrier Mapper 工具完成的。该工具可以检测到影响廊道质量的重要障碍物。本书设置 100～1 000 m 以 50 m 的步长分别进行两种模式的关键生态修复区的探测。依据现有研究成果、土地利用现状与相关城市发展规划，本书将 400 m 作为提取阈值，以 400 m 的探测半径提取关键生态修复区。基于 Barrier Mapper 关键生态修复区分析结果可以看出，现有生态廊道改进得分分值较高的区域主要为粤港澳大湾区生态连通性较差的中部、南偏西部地区。与改进得分空间分布不同，相对 LCD 改进百分比分布比较均衡，高值区仅位于区域的西部且面积狭小。生态廊道是连续的，而关键生态修复区是由一系列分离的栖息地碎片组成，它们仍然可以起到廊道的作用。因此，本书根据生态廊道改进得分的分析结果，选取了 14 个关键生态修复区，共计 356.83 km^2。从空间布局来看，粤港澳大湾区中部以及南部地区是近年来城市扩张的主要区域，生态核心区斑块碎片化严重，异质性高。中南部地区人类活动大幅增加，非生态用地占据大量生态阻力低的生态地块，是生态建设的重点区域，也是生态廊道建设最有利的区域。导致生态廊道更窄，恢复系数更高。

5.2.3 中观尺度二级生态基础设施规划

5.2.3.1 生态核心区识别

（1）单一指标重要性空间分布

惠州市社会经济自然性指标间没有明显的正或负相关，从惠州市单一指标重要性空间分布可见，由于惠州总体城市开发程度较低，其城镇建设用地占比、道路密度、单位 GDP 建设用地面积等指标高值区，仅在惠州市西偏南部有几处集聚区，总体偏低；惠州人口密度高值区主要位于惠州中部的城镇中心区域，如惠城、惠阳等区经济中心；惠州市 GDP、二氧化碳排放量、$PM_{2.5}$ 平均浓度高值区域集聚于经济条件相对较好的博罗县、惠城区与惠阳区；另外水源涵养指数、水土保持功能指数、林草覆盖度、生态用地占比等高值区大多集中分布于北部、东部连绵山体，该区域植被覆盖度较高、水土保持较好，有利于动植物的生存与迁移，生态重要性价值高。

（2）生态源地重要性评估

根据惠州市生态源地重要性评估结果分区统计数据显示，惠州市生态源地重要性平均等级为 3（重要性程度按 1 ～ 5 等级划分），并且生态源地重要性为 4 或 5 的面积可达研究区总面积的 40% 左右。生态源地的空间分布形成集聚，主要分布在惠州市的北部、东部和东南部的山区和水域、森林。其中，重要性程度最高的热点区域位于惠州市东部偏中，位于罗浮山脉南端。该区域涵盖白面石、墩子等自然保护区，是重要的森林生态即野生动植物重点保护区域。面积最广的生态源地高值区位于惠州市北部的罗浮山、南昆山、寨头水库等连绵山体与重要水源地；另一生态源地重要性高值热点区位于惠州市东偏南部的莲花山脉、白马山等地区。

（3）生态核心区识别与优化

生态源地由生态源地重要性等级为 4 或 5 的图斑构成。二级生态源地在最小图斑面积阈值增加到 0.4 km^2 之后，其数量的减少趋势平缓。此外，生态源地占区域总面积的比重基本保持 36% ～ 37%，并且在 1 km^2 处出现下降趋势稍缓，故设定惠州生态源地图斑最小面积阈值为 1 km^2。

本书初步得到的惠州市生态源地斑块破碎，需要结合惠州生态源地图斑最小面积阈值设定结果，聚合删除面积小于最小面积阈值且分散的图斑。并在此基础上，运用 Conefor2.6 软件计算每个生态源地斑块在整个景观中的重要值，再将 $d_{PC} > 0.57$，$d_{IIC} > 0.48$ 的生态源地斑块作为惠州市生态核心区。最后，结合惠州市生态环境特点，共识别生态核心区 18 个，总面积 5 535.68 km^2，占惠州市域总面积的 49%，得到了惠州市二级生态核心区分布空间位置示意图。连绵山体、森林是生态核心区集中分布的区域，这类区域不仅面积广并且受人类活动影响较小、生态环境好；此外自然保护区也是生态核心区分布的另一热点区域，例如，位于陆地的杨坑洞、南昆山、象头山、莲花山自然保护区，海岸带上的惠东港口红树林、海龟自然保护区以及大亚湾、针头岩、碣石湾近海海洋保护区等。这些自然保护区不仅是南亚热带季风常绿阔叶林、珍稀动植物及野生动植物的重要栖息地，具有重要的保护地位，还具有较高的水源涵养、水土保持、固碳释氧等生态系统服务能力。南部沿海地区的湿地、滩涂、林地是海龟、候鸟等动物的栖息地，同时也是重要的红树林保护区。

5.2.3.2 生态廊道识别体系

（1）生态阻力面构建

根据惠州市生态阻力评估结果表明，生态阻力值为 6.7 ～ 73，从行政区来看，各县区平均生态阻力值由高到低排序依次为惠城区、惠阳区、博罗县、惠东县、龙门县。人口集聚与建设用地扩张导致中心城区（惠州市西部惠城区、惠阳区与博罗县的主城区）生态阻力值高，无法为大多数生物提供适宜的生存环境。周边郊区明显受到中心城区的影响，出现了生态阻力次高值区，虽然这些地区存在一些适合生物生存的环境，如象头山、大坑自然保护区，但它们的平均生态阻力值仍较高。相比之下，北部和东部的山区面积广布的龙门县与惠东县生态阻力值更低，北部南昆山、东部莲花山脉为最低值核心。

（2）生态廊道识别

①基于 MCR 模型生态廊道提取。结合生态核心区识别结果，共识别 18 个生态核心区，其中 4 个生态核心区为海洋保护区，位于海洋区域。本书将对这 4 个生态核心区以及其他尺度、陆域核心区基于相关规划做多尺度廊道的整合，因此不做基于模型的生态廊道的定量识别。根据 MCR 模型识别结果，每个生态核心区到其他核心区斑块均可识别 15 条源间生态廊道，在惠州市共得到源间生态廊道 210 条。此外，受生态核心区分布和生态阻力面特征的影响，惠州市生态廊道分布在空间上呈现一种中部集中、两翼稀疏的趋势。北部地区由于域内有南昆山、罗浮山、象头山等连绵山体与自然保护区，源间生态廊道明显集中。惠州市西南部尤其南部沿海一带是生态廊道集中分布的另一热点区域。

②基于 Linkage Mapper 生态廊道提取。惠州市生态流阻力低值区分布较广，并且西部阻力值明显低于东部地区，南部地区为研究区阻力值最低区域。这与惠州市自东北像西南方向倾斜的地势有关。经识别，惠州市共识别出生态廊道 31 条。识别的廊道集中分布于区域中南部地区，东部地区受地形地貌影响较大，生态廊道密度较小。

③基于水文分析原理生态辐射廊道提取。基于水文分析模块，在惠州市共提取出 10 条水文辐射廊道。受惠州市阻力值的影响，识别的水文辐射廊道自西向东延伸。水文辐射廊道增强了生态核心区之间东西走向的连通，一定程度上弥补了基于 MCR 模型与 Linkage Mapper 工具识别的生态廊道西部密集东部稀疏的显著差异。基于水文分析得到的最小耗费路径识别结果可以明显推断出，惠州市生态阻力最低值位于研究区的

东北角（杨坑洞自然保护区附近）以及东南沿海一带（白马山附近）。最后本书将水文分析结果与 MCR 模型、Linkage Mapper 工具识别的生态廊道进行叠加，筛选冗余廊道与过源廊道后共识别 83 条生态廊道，得到惠州市生态廊道分布图。

（3）关键生态廊道提取与节点识别

本研究区共识别出 83 条生态廊道，基于重力模型的分析结果，由表 5-3 可知，各生态核心区之间的重要性差异较大。例如，生态核心区图斑 11 与图斑 12 之间相互作用的重要性最大，值为 696.23，表明两个图斑之间的生态廊道景观阻力值最低，生境质量高，适合作为生物迁移的通道；图斑 2 与图斑 14 之间的相互作用力最小，仅为 0.67，这说明两者间的阻力值较高，生境质量相对较差，物种在此通道迁移的可能性比较低。本书将 5 设置为提取关键廊道的阈值，提取重要性值大于 5 的生态廊道为关键廊道，共 35 条；其余廊道为一般生态廊道，共计 48 条。其中，关键生态廊道总长度为 941.99 km，占所有廊道总长度的 64%。关键生态廊道的空间分布相对均匀，但西偏北部与南部生态廊道密度高于东部其他地区。这些廊道部分分布在北部山地、林地和自然保护区；此外，一些关键生态廊道分布于受人类活动影响较大但阻力值较小的地区，尤其是南部沿海地区。这些区域生态用地与建设用地矛盾较大，同时这些廊道还是物种迁移的低阻力通道，因此，在城市发展中需要重视并解决这些廊道的用地矛盾情况，保证生物迁移通道的连通。

生态节点的数量、质量和空间分布都会影响物种迁移时间和迁移成功的概率。生态节点是廊道的交点，有助于惠州市生态流的扩散。根据关键廊道与关键廊道、一般生态廊道的位置关系，共提取了 49 个生态节点，其中关键生态节点 25 个，一般生态节点 24 个。惠州市的生态节点分布最为密集的是南部沿海地区，在这里分布着超过一半的关键生态节点，说明这些区域是惠州市生态建设的重点区域，也是生态廊道建设最有利的区域；其次是于北部植被覆盖度高的山区，这些区域因其较好的生境质量，适宜物种生存与迁移，在城市发展过程中要重点保护，以保障这些区域生态系统功能稳定。

表 5-3 基于重力模型惠州市生态核心区相互作用矩阵

重要性值		生态核心区图斑													
		1	2	3	4	5	6	7	8	9	10	11	12	13	14
生态核心区图斑	1	0.00	3.66	2.53	9.21	6.38	10.01	6.47	26.37	45.51	7.11	2.79	2.79	4.23	3.28
	2			0.76	9.93	6.09	2.79	1.19	1.40	1.32	0.96	0.60	0.58	0.79	0.67
	3				1.78	0.93	0.97	10.10	2.59	1.85	2.09	6.39	5.43	3.79	5.15
	4					5.99	5.17	4.10	3.85	3.71	1.62	1.30	1.16	1.26	1.18
	5						43.20	1.55	2.02	2.02	1.39	0.82	0.79	1.10	0.92
	6							1.73	2.55	2.70	1.73	0.95	0.93	1.31	1.08
	7								11.41	6.46	3.22	7.95	6.63	4.47	5.92
	8									138.86	3.47	2.88	2.58	2.94	2.87
	9										3.43	2.09	1.88	2.15	2.09
	10											7.46	7.94	20.12	9.70
	11												696.23	30.42	142.53
	12													40.62	356.72
	13														84.52
	14														0.00

（4）关键生态修复区识别

本书以 50 m 为步长在 100 ~ 1 000 m 分别进行两种模式的关键生态修复区的探测，并以 400 m 的探测半径提取惠州市关键生态修复区。从关键生态修复区识别结果可以看出，现有生态廊道改进得分分值较高区域集中分布在惠州市生态流通性较高的中部、南部地区。与改进得分空间分布不同，相对 LCD 改进百分比高值区较为零散，面积更狭小，围绕生态核心区在惠州市各方向均有些许分布。本书将改进得分的分析结果以自然断点法为高、较高、中、低、较低 5 个等级（不包括 0）。高、较高两个最高级别的改进得分区域被确定为关键生态恢复区。本书提取了 24 个重点修复区，总面积 217.15 km^2，主要位于生态廊道内阻力值小流动性较好的区域。从空间分布上看，关键生态修复区集中分布在惠州市的西南部。西南部地区生态用地斑块碎片化严重，生态阻力大。密集的人口与不断扩张的城市建设，使非生态地块占据生态阻力低的生态地块，导致生态廊道更窄，恢复系数更高，代表着应重点保护和恢复的景观。

5.2.4 微观尺度三级生态基础设施规划

5.2.4.1 生态核心区识别

（1）生态重要性评估

人口密度、城市化以及迅速增加的不透水面是造成区域自然水文循环机制遭到破坏的直接影响因素。本书首先对三类社会要素进行了空间化处理。根据不同数据类型（点、线、面）的居民点、道路网络、不透水面数据，通过核密度分析、加权分析等叠加分析工具，得到社会要素空间化结果。本书注意到，居民点、路网以及不透水面的空间分布总体呈现一个东高西低，南高北低的趋势。居民点高密集区同时也是路网以及不透水密度高值区。

木沥河流域生态源地重要性评估结果说明了研究区的木沥河流域土地利用、生态敏感性、生态功能重要性评估情况。显示生态敏感性，生态功能重要性与人类活动之间呈现高度相关性。生态敏感性高值区主要分布于木沥河沿线，交通干线附近是生态敏感性程度次高级集中区。而相反，生态系统服务功能重要区多集中于流域西部地区的森林、草地与水库等不透水区。这些发现反映了 Li 等、Yang 等之前的研究成果。此外，根据评估结果可知，人口密度高、不透水面积大的区域，生态敏感性多为不敏感，生态系统服务功能重要性程度低。木沥河流域生态源地重要性评估结果显示了生态源地重要性综合评估空间分布，呈现生态重要性程度自西向东递减的特征。生态源地空间分布呈现西部地区集中分布，中部、东部零星分布的景观破碎化趋势。这种趋势可能与 Cui 等、Huang 等的发现有关。具体而言，一方面森林、草地和水系因其生态系统结构功能相对完善，是具有全面生态服务能力的区域；另一方面，人口集聚和建设用地的扩张，导致景观破碎化加剧和生态系统功能退化，严重削弱了城市生态系统的稳定性。

（2）生态核心区识别与优化

将木沥河流域生态源地重要性等级为 4 或 5 的斑块导出，进行初步筛选与图斑最小面积阈值的确定。初始图斑细碎有超过 1 000 个，随着最小面积阈值的不断增大，斑块数量快速减少。尤其在最小面积阈值增加到 0.5 km^2 之后，生态源地斑块数量骤减，并且在图斑面积为 1 km^2 时减少趋势愈加平稳。另一方面，由于图斑细碎，木沥河流域图斑数量的变化与区域总面积的变动的比例保持在 36% ～ 37%，变化非常小，说明剔除大量的面积较小图斑，不会对整个生态源地的格局产生较大影响。故设定木沥河流域生态源地图斑最小面积阈值为 1 km^2。

结合木沥河流域生态源地图斑最小面积阈值设定结果，聚合删除面积小于最小面积阈值且分散的图斑；再筛选 $d_{PC} > 0.62$，$d_{IIC} > 0.44$ 的生态源地作为木沥河流域生态核心区。最后，共识别生态核心区 13 个，总面积 10.71 km^2，占木沥河流域总面积的 36%，得到了木沥河流域三级生态核心区分布空间位置示意图。木沥河流域生态核心区集中分布于受人类活动影响较小的西部和北部植被覆盖度较高或者是重要水源地的区域，例如研究发现，该区域人口密集区域严重缺乏公共绿地空间。尤其是木沥河流域中部地区，建筑密度高且不透水面积广布，鲜有绿色空间。

5.2.4.2 生态廊道识别体系

（1）生态阻力面构建

根据木沥河流域生态阻力空间分布结果来看，生态阻力值随着远离建成区而逐渐降低，表现为从区域人口聚集的三栋镇中心向农村中心的生态阻力值下降。三栋镇中心位于流域中、东部。因其主要用地类型为城镇建设用地，因此生态阻力值明显偏高且连续分布，面积较广。农村地区也存在个别阻力较高值区域，但其负面影响可能有限。由于分布较为分散且面积较小，周边生境对生物多样性的威胁程度和范围远小于三栋镇中心区域。流域的西部地区因植被覆盖度低，生境质量相对较好，是整个研究区生态阻力低值集中分布的热点区域。

（2）生态廊道识别

①基于 MCR 模型生态廊道提取。木沥河流域共识别 13 个生态核心区，分别提取每块生态核心区的几何中心作为生态源点。然后，利用 ArcGIS 软件中的 Cost Distance、Cost Back Link 和 Cost Path 工具箱，根据生态阻力面识别生态廊道。由 MCR 模型确定的每条生态廊道的总累积阻力被认为是两个生态源点之间的总路径长度。根据MCR模型识别结果，每个生态核心区到其他核心区斑块均可识别13条源间生态廊道，

共得到源间生态廊道 169 条。通过叠加各个生态源中心的生态廊道，可以得到一个完整的基于 MCR 模型的源间生态廊道分布图。根据分布情况可以发现，生态廊道的布局在空间上极具差异性。生态廊道集中覆盖了流域中部及中部偏西的大片区域。而流域的西部尤其是西南部地区基本没有生态廊道分布。

②基于 Linkage Mapper 生态廊道提取。使用 Linkage Mapper 工具提取生态核心区之间最低阻力通道，最终共计识别出 27 条。流域的中部、东北部地区生态廊道密度较高，西部地区受地形地貌影响较大，生态廊道密度较小。

③基于水文分析原理生态辐射廊道提取。根据构建的综合阻力面，采用水文分析模块共提取 53 条最小阻力水文通道作为生态廊道的辐射廊道。受木沥河流域生态阻力面的影响，识别的水文辐射廊道自流域中部向四周发散。识别的水文辐射廊道弥补了流域西部、东部廊道空间分布的缺失，尤其是东部地区。将水文分析结果与 MCR 模型、Liknage Mapper 工具识别的生态廊道进行叠加，得到最终木沥河流域生态廊道分布图。

（3）关键生态廊道提取与节点识别

基于上述 3 种生态廊道识别结果，去除冗余后，本书共保留生态廊道 61 条，总长 93.95 km。根据重力模型通过对生态核心区的相互作用力对生态廊道进行了优先排序，确定关键生态廊道。另外重力模型确定的相互作用力是相对值，而不是绝对值。由表 5-4 可知，各生态核心区之间的相互作用力差异变化较大。重要性低的走廊主要特点是距离更长，累积阻力值更大，可能会阻碍物种扩散和生态流动。各源地之间重要性最低值为 0，表明图斑 6 与图斑 9、图斑 9 与图斑 10，之间不产生相互作用力，表明这些图斑相互之间的通道景观阻力值最高，非常不适宜作为生物迁移的通道；相互作用力最大的是图斑 10 与图斑 11，为 21.26，这说明两者间的阻力值较低，生境质量相对较好，物种在此通道迁移的可能性比较高。本书提取重要性值大于 1 的生态廊道为关键廊道，共 15 条；其余廊道为一般生态廊道，共计 46 条。其中，关键生态廊道总长度为 35.70 km，占所有廊道总长度的 38%。这些廊道主要分布在林地、草地、水体等人为干扰较小的区域。关键生态廊道是物种迁移的重要低阻力通道，也是未来景观规划中优先考虑、建立和维护的最佳区域。

根据关键廊道与关键廊道、一般生态廊道的位置关系，共提取了 66 个生态节点，其中关键生态节点 25 个，一般生态节点 41 个。生态节点的分布密度表明，生态节点空间布局存在明显差异。生态节点的空间分布与关键廊道的空间分布高度一致。集中分布于流域的西南部以及东北部地区，说明这些区域是生态建设的重点区域，也是生态廊道建设最有利的区域。因此在城市发展过程中要重点维护这类地区的生态稳定。

表 5-4　基于重力模型木沥河流域生态核心区相互作用矩阵

重要性值		生态核心区图斑												
		1	2	3	4	5	6	7	8	9	10	11	12	13
生态核心区图斑	1	0.00	7.33	0.82	0.23	0.32	0.58	0.43	1.56	1.08	1.75	2.37	0.17	0.22
	2			1.51	0.32	0.48	0.95	0.47	2.72	1.41	2.16	3.09	0.23	0.31
	3				2.36	3.40	14.63	2.43	0.81	0.91	0.76	0.60	0.98	1.85
	4					0.90	1.95	0.79	0.21	0.31	0.26	0.18	0.76	0.98
	5						1.51	0.56	0.27	0.28	0.25	0.22	2.14	6.59
	6							7.33	0.93	0.00	1.22	0.74	0.59	0.97
	7								0.77	1.39	1.01	0.62	0.28	0.41
	8									9.10	16.43	12.34	0.14	0.18
	9										0.00	4.96	0.15	0.20
	10											21.26	0.14	0.18
	11												0.11	0.15
	12													7.17
	13													0.00

（4）关键生态修复区识别

本书还对木沥河流域生态廊道改进得分与相对 LCD 改进百分比进行分析。分析结果显示，整体上木沥河流域生态流动性较好，其中分值较高区域集中分布在流域中部和北部地区；从相对 LCD 改进百分比分析结果来看，高值区分布相对较少，存在两个热点区域，分别位于流域南部和北部的部分区域。本书将改进得分的分析结果以自然断点法分为高、较高、中、低、较低 5 个等级（不包括 0）。高、较高两个最高级别的改进得分区域被确定为关键生态恢复区。本书确定了 9 个关键生态修复区，总面积 1.401 km^2，主要位于生态廊道内阻力值小流动性高的区域。从空间分布上看，主要位于研究区中部和北部。这些地区人口密集，城镇开发导致生态用地斑块碎片化严重，生态阻力大。此外，关键生态修复区面积狭小，仅占研究区总面积的3%，维护和修复工作难道较小，有必要开展生态基础设施建设，以保护和恢复区域的生态功能，改善生态环境。

（5）多尺度生态基础设施网络体系整合

本书基于陆海统筹视角多尺度生态核心区、生态廊道、生态节点的研究结果，结合粤港澳大湾区例如《珠江三角洲绿道网总体规划纲要》《广东万里碧道总体规划（2020—2035年）》《广州市碧道建设总体规划（2019—2035年）》和《深圳市碧道建设总体规划（2019—2035年）》等重要相关规划，以粤港澳大湾区山—河—城—海的空间布局和生态核心区、生态廊道、海湾的整体骨架体系为基础，规划形成“一圈两湾三河多区多廊多节点”的多尺度生态基础设施网络体系空间结构，保障城市生态安全。依托“鱼类洄游生态圈”“生态之湾”与“都市之湾”融合沿海生态岛链、水鸟走廊，衔接滨海—河口生态空间，恢复鱼类洄游生态圈，塑造海陆相交的生态廊道网络，重塑健康自然的沿海—何—陆岸线，培育蓝绿交融的生态系统；依托西江大河风光黄金水道、珠江南岭山水画廊及东江饮水思源生态长廊，构筑主干河流生态廊道，串联沿线生态核心区和海洋保护区，营造“三河＋一海湾”的水陆交界面和物质交换空间，既是水鸟重要的栖息地和迁徙廊道，也是鱼类洄游的重要场所；东南—西北走向的廊道构造，同时起着疏散空气污染、缓解城市热岛效应通风廊道的作用。以生态保护为前提，依托关键生态廊道、一般生态廊道、二级河流廊道串联宏观—中观—微观多尺度生态核心区、生态节点构建“多区多廊多节点”的生态网络体系，为生物提供适宜的栖息地与迁移通道，为居民提供休闲游憩、健身娱乐的公共绿色空间。

对生态基础设施网络体系进行多尺度整合，其中一级生态核心区共31 993.18 km^2，占粤港澳大湾区总面积的58%，覆盖七星岩、九连—罗浮山脉、青云山脉、滑石山脉、莲花山脉、云雾山脉等，以及西白云山原始森林公园等自然保护区，以充分发挥宏观尺度水土保持、气候调节、固碳释氧、生物多样性保护等生态功能；二级生态核心区总面积5 535.68 km^2，占惠州市域总面积的49%，包括市内象头山、屏风、大石坑、白云嶂等自然保护区、红花湖等风景名胜区，重点维持水土保持、固碳吸氧、缓解城市热岛效应、景观游憩等生态系统服务；三级生态核心区总面积 10.71 km^2，占木沥河流域总面积的 36%，包括流域内主要林地、灌木及草地等绿色空间。整合宏观—中观—微观尺度共计 227 条生态廊道形成“蓝绿廊道连贯、环环相通”的生态廊道布局模式；根据生态廊道布局，生态廊道网络空间结构可形成“一湾三纵多网”的多功能生态廊道网络综合体。其中，一级生态廊道以保护生物迁徙通道为前提规划设计，共计 60 条，建议设置 600 ~ 1 200 m 的廊道宽度阈值，以大型河流生态廊道、山脉廊道、森林廊道等生态廊道为主要类型，对粤港澳大湾区自然环境保护、生物资源保护、水体涵养等具有巨大作用；二级生态廊道以促进城市健康可持续发展为前提，规划设计 121 条生态廊道，以二级河流生态廊道、交通廊道、景观廊道与历史文化廊道为主体，建议设置 50 ~ 200 m 的廊道宽度阈值，以充分发挥缓解城市污染、调节城市小气候、美化城市景观等生态功能，平衡城市发展与生态环境维护之间的关系，为城市居民提供具有自然美感的生态蓝绿道；三级生态廊道以提升居民福祉为主要目标，规划设计共计 46 条生态廊道，建议设置 3 ~ 20 m 的廊道宽度，充分增加高密度人居环境公共绿地空间，促进社会交流，缓解城市排水不畅水污染等问题。

5.2.5 结果与讨论

在粤港澳大湾区这样的高度城市化的沿海型城市群，自然生态空间逐渐受到人类活动的干扰，迫切需要针对各尺度自然生态空间和不同物种迁徙制定全面综合生态安全保护规划。多尺度生态基础设施在保持多尺度生态基础设施结构完整与功能完善方面的综合性、多功能性优势，为优化整合不同尺度生态空间，保障生态安全提供了重要的科学依据。本书基于海陆统筹视角对粤港澳大湾区—惠州市—木沥河流域构建的多尺度生态基础设施网络体系。

在生态核心区识别体系中，本书兼顾社会、经济和自然维度采用 DPISR 模型评估生态源地重要性。传统研究大多仅考虑自然环境构建评估指标。然而，不论在哪个尺度空间，城市建设和社会经济发展是自然生态系统的潜在因素和压力来源。因此，社会和经济要素对自然环境的影响与反应能力是不能忽视的。在对生态现状施加压力后，自然生态系统自身状态及其恢复能力可以反映其对压力的反应能力，从而反映不同尺度区域生态安全保护适宜政策和优先重点。例如，从生态核心区识别结果来看，粤港澳大湾区生态核心区集中于具备重要生态功能和生态修复能力的连绵山脉、森林、水域和海岸线等区域。因此宏观尺度重点关注此类区域，生态安全的维护以保护自然、尊重自然为主旨。相比之下，惠州市生态核心区空间分布破碎，多集中于受人类活动影响较小的森林公园、绿地公园等区域，因此生态安全保护策略需要重点加强各孤立破碎生态核心区的连通性，尤其是要加强生态网络的构建。在微观尺度上，局部区域可以比较直接地反映受人口密度、建设用地等人为因素影响下生态用地与非生态用地之间的权衡关系。例如，木沥河流域生态核心区仅分布于受人类活动影响较小的西部和北部植被覆盖度较高的区域或者是重要的水源地，并且本书研究结果表明，该区域人口密集区域严重缺乏公共绿地空间。尤其是木沥河流域中部地区，建筑密度高且不透水面积广，鲜有绿色空间。这说明生态用地与非生态用地之间的关系出现不平衡，需要加强半自然或人工生态基础设施建设，以保障非生态用地中生态功能的正常发挥。

在生态廊道识别体系中，我们提出了一种适用于多尺度的方法来规划各尺度生态廊道，以改善各区域连通性。以往的研究多基于单一方法识别单一尺度生态廊道，而本书综合最小累积阻力模型、Linkage Mapper以及水文分析3种方法综合识别生态廊道。本书根据重力模型对廊道排名的优先级识别关键与潜在廊道，以确定生态廊道建设的优先级；同时也会根据不同尺度生态安全建设目标，因地制宜地开展各尺度生态廊道建设。例如，在宏观尺度和中观尺度，连接具有大面积的连绵山脉和森林廊道优先于那些面积较小且广布不透水表面的廊道。然而在微观尺度，不仅考虑了生态价值的优先顺序，优先连接分布在人为干扰较小的生态空间，与此同时，改善人居生活环境是微观尺度的重点，本书将木沥河流域内不透水面占比大、景观破碎化程度高的人口密集区作为微观尺度关键生态廊道建设重点关注区域。

此外，为了更有针对性地为景观和城市规划提供有效对策，本书明确了不同尺度重点修复区域的空间位置。粤港澳地区城市规划者和管理者应该关注生态保护，例如规划设计一个连贯且受保护的多尺度生态基础设施网络并明确重点修复区域。本书识别的关键生态修复区多为生态用地斑块碎片化严重，生态阻力大的区域，这与人类活动和建设用地扩张可能有很大影响。因此城市规划者和管理者应更加重视此类区域的土地复垦、植树造林、退耕还林等生态修复工作。

最后，本书以一级、二级生态核心区为核，三级生态核心区为点，各级关键生态廊道为廊，构建了宏观—中观—微观多尺度生态核心区和生态廊道与生态节点之间的空间连通与整合方法体系，建立了粤港澳大湾区“一湾三纵多网”的多功能生态基础设施网络综合体。各尺度区域生态基础设施整合结果表明，多尺度生态基础设施网络体系构建方法涉及对构建结果的多尺度整合，既考虑了粤港澳大湾区自然生态基础设施完整性，又考虑了中观尺度即惠州市自然、半自然生态基础设施网络连通性与韧性提升，同时还兼顾木沥河流域半自然基础设施完善性与人居环境舒适性，从而防止单尺度评估弱化空间异质性。

综上所述，粤港澳大湾区多尺度生态基础设施规划基于“基质—斑块—廊道”的景观生态学理论，从海陆统筹视角对粤港澳大湾区—惠州市—木沥河流域构建多尺度生态基础设施网络体系，其核心意义在于探究“如何优化整合不同尺度海陆生态空间”从而保障粤港澳大湾区生态安全。有效生态基础设施网络构建可保障区域生态安全，是实现区域可持续发展的重要路径。构建宏观—中观—微观尺度生态核心区和生态廊道与生态节点之间的空间连通与整合方法体系，是确定生态基础设施网络体系的关键步骤。本书衔接粤港澳大湾区重要生态规划，统筹整合海陆与宏观—中观—微三级尺度，搭建粤港澳大湾区“一圈两湾三河多区多廊多节点”的生态基础设施网络体系空间结构。得出以下结论：

①生态源地重要性在不同尺度空间分布上均呈现明显的中心边缘特征。区域植被覆盖度高、生物多样性丰富、具有较高的生态系统服务功能价值的区域生态源地重要性等级较高，并以前为中心向边缘依次递减，至城市化程度高、人口密度高的生态源地重要性最低。生态核心区的识别在不同空间尺度空间异质性显著，整体上均表现出植被覆盖度高、受人类活动干扰小的山区、森林、水域是生态核心区集聚的热点区域。城市建成区生态核心区分布密度较小，零散分布在城市内部的公园、风景区等植被覆盖度相对较高区域。

识别的一级生态核心区共 31 993.18 km^2，占粤港澳大湾区总面积的58%，覆盖七星岩、九连—罗浮山脉、青云山脉、滑石山脉、莲花山脉、云雾山脉，以及西白云山原始森林公园等自然保护区，以充分发挥宏观尺度水土保持、气候调节、固碳释氧、生物多样性保护等生态功能；识别的二级生态核心区总面积 5 535.68 km^2，占惠州市域总面积的 49%，包括市内象头山、屏风、大石坑、白云嶂等自然保护区、红花湖等风景名胜区，重点维持水土保持、固碳吸氧、缓解城市热岛效应、景观游憩等生态系统服务；识别的三级生态核心区总面积 10.71 km^2，占木沥河流域总面积的 36%，包括流域内主要林地、灌木及草地等绿色空间。

②不同尺度生态廊道的空间布局各具特色，但整体上均表现出显著的空间集聚特征。生态节点的分布与生态廊道基本保持一致，主要分布在林地、灌木和水体等受人类活动影响较小的区域，这与生态核心区分布特征有关。但在不同尺度空间人口密度较大的城区会出现生态廊道、生态节点的次密集热点区。相反，关键生态修复区在空间分布上基本集中于人口密集区，表明受人类活动的干扰，原本是物种迁移的低阻力通道的生态空间被非生态空间占据，因此，在未来的城市发展规划中需要着重保护与修复。

共识别提取 23 条一级关键生态廊道，总长度为 1 318.02 km，占所有廊道总长度的55%，大部分集中于北部和西部地区，尤其是粤港澳大湾区西部、北部边缘山区。共识别 35 条二级关键廊道，共 35 条，总长度为 941.99 km，占所有廊道总长度的 64%。二级生态廊道空间分布相对均匀，但西偏北部与南部生态廊道密度高于东部其他地区。识别三级关键生态廊道共 15 条，总长度为 35.70 km，占所有廊道总长度的 38%。三级生态廊道主要分布在林地、草地、水体等人为干扰较小的区域。

③整合构建的多尺度生态基础设施网络体系是一个兼顾海陆的多功能综合体。规划的粤港澳大湾区“一圈两湾三河”的陆海生态基础设施网络体系空间结构，融合了沿海生态岛链，衔接滨海—河口生态空间，串联大河干流沿线生态核心区和海洋保护区，具备疏散空气污染、缓解城市热岛效应通风廊道、鱼类洄游，鸟类迁移的作用。构建的“多区多廊多节点”的生态网络体系，可为生物提供适宜的栖息地与迁移通道，为居民提供休闲游憩、健身娱乐的公共绿色空间。

对宏观—中观—微观尺度共计 227 条生态廊道进行整合，最终形成了“蓝绿廊道连贯、环环相通”的生态廊道布局模式。根据生态廊道布局，生态廊道网络空间结构可形成“一湾三纵多网”的多功能生态廊道网络综合体。其中，一级生态廊道以保护生物迁徙通道为前提规划设计，共计 60 条，建议设置 600 ～ 1 200 m 的廊道宽度阈值。主要以大型河流廊道、山脉廊道、森林廊道等生态廊道为主要类型，对粤港澳大湾区自然环境保护、生物资源保护、水体涵养等具有巨大作用。二级生态廊道以促进城市健康可持续发展为前提，规划设计 121 条生态廊道，以二级河流廊道、交通廊道、景观廊道与历史文化廊道为主体，建议设置 50 ～ 200 m 的廊道宽度阈值，以充分发挥缓解城市污染、调节城市小气候、美化城市景观等生态功能，平衡城市发展与生态环境维护之间的关系，为城市居民提供具有自然美感的生态蓝绿道。三级生态廊道以提升居民福祉为主要目标，规划设计共计 46 条生态廊道，建议设置 3 ～ 20 m 的廊道宽度，充分增加高密度人居环境公共绿地空间，促进社会交流，缓解城市排水不畅水污染等问题。

5.3 基于物理感知的粤港澳大湾区 EI 建设效益分析

5.3.1 数据介绍

5.3.1.1 评估指标

宏观尺度 EI 效应评估主要从水源涵养、固碳释氧、防风固沙和土壤保持 4 个功能进行评价，但由于粤港澳大湾区位于我国大陆最南部，植被和水资源丰富，历史上没有出现过风沙危害。因此，本小节研究不计算大湾区 EI 的防风固沙效益。

5.3.1.2 数据来源及处理

粤港澳大湾区 EI 建设效益分析所涉基础数据及其来源，如表 5–5 所示。

表 5-5　基础数据来源

序号	数据	数据来源
1	2005—2015 年多年累计年均降水量栅格数据（500 m）	中国科学院资源环境科学与数据中心
2	2020 年土地利用数据（30 m）	GLOBELAND 30
3	2021 年 Landsat 8（30 m）	地理空间数据云
4	2005—2015 年年均中国陆地生态系统蒸散量栅格数据（0.05°）	国家生态科学数据中心（1981—2015 年中国陆地生态系统蒸腾蒸散比数据集）
5	地表径流系数经验值	参考文献
6	DEM（ASTER GDEM 30 m）	地理空间数据云
7	2020 年净生态系统生产力 NEP（500 m）	国家生态科学数据中心（全球逐日 NEP 模拟数据产品）
8	中国 1986—2015 年 30 年平均年降雨侵蚀力 R（250 m）	国家地球系统科学数据中心数据汇交
9	1995 年全国土壤普查土壤质地空间分布数据（1 000 m）	中国科学院资源环境科学与数据中心
10	土壤容重（1 000 m）	国家青藏高原科学数据中心
11	土壤理化性质（1 000 m）	国家青藏高原科学数据中心

（1）水源涵养

基础数据：2005—2015 年年均降水量栅格数据产品（中国科学院资源环境科学与数据中心：https：//www.resdc.cn/）；2020 年土地利用栅格数据产品（GLOBELAND 30：http：//globeland30.org/）；2005—2015 年年均陆地生态系统蒸散发量数据产品（国家生态科学数据中心：http：//www.nesdc.org.cn/）。

数据处理：本书大湾区水源涵养量计算采用《资源环境承载能力和国土空间开发适宜性评价指南（试行）》所规定的计算原理，即水源涵养量数值上等于区域降水量减去蒸散量和地表径流量，如式（4-16）所示。其中，年均降水量由 2005—2015 年 10 年年均降雨栅格数据处理获得；同理利用 GIS 中的栅格计算器，获得 10 年年平均陆地生态蒸散发量；地表径流量数据则通过式（4-17）获得，地表径流系数选择如表 5-6 所示。

表 5-6 地表径流系数

序号	地表类型	平均年径流系数 /%
1	森林	1.33
2	灌木	4.17
3	草地	4.17
4	耕地	8.13
5	水体	0.62
6	建设用地	90
7	全域	60
8	裸地	18.27

价值计算：参照式（4-19），采用《森林生态系统服务功能评估规范》（LY/T 1721—2008）中规定的水库建设单位库容投资（6.110 7 元 /t）进行水源涵养效益价值量化。

（2）土壤保持

土壤保持是评价国土空间生态安全的重要指标之一，反映了区域生态系统防治土壤侵蚀所造成的水土流失、土壤退化、土地生产下降等问题的能力。为评价区域土壤保持能力，研究学者基于土壤侵蚀模型（或称水土流失方程）RUSLE 方程（Revised Universal Soil Loss Equation）和 GIS 和 RS 技术，通过计算降雨侵蚀力因子（R）、土壤可蚀性因子（K）、坡度与坡长因子（LS）、植被覆盖因子（C）和水土保持措施因子（P）开展了大量土壤保持评估研究。也有学者提出在土壤保持量计算中除上述因子外，还应考虑表示侵蚀物被下游植被拦截量的泥沙持留率因子（ε），但由于本书开展的是简单计算，因此不予考虑。

基于 4.2.2.3 节中所述的土壤保持量计算公式，本书对大湾区 EI 的土壤保持量进行了计算。具体内容如下：

①降雨侵蚀力因子（R）。

基础数据：广东省气象站年均降水量（国家气象科学数据中心：http：//data.cma.cn/wa）。

数据处理：降雨侵蚀力因子（rainfall-runoff erosivity term value）反映的是降雨对土壤的剥离、冲刷和搬移能力，是指降雨导致土壤流失的潜在能力，基于 RUSLE 方程的 R 值计算仅适用于降雨均一、且年降水量大于 508 mm 的地区，其经典计算法包括 1978 年 Wischmeirer 提出的基于 EI30 计算方法，以及在此基础上章文波等所提出的简易降雨侵蚀力算法模型。考虑数据可得性以及计算的简便性，本书选用汪明冲等在研究粤北岩溶区连江流域降雨侵蚀力时所提出的经验公式，并基于 2020 年广东省内 36 个气象站的月平均降雨数据和克里斯金插值法，开展了大湾区降雨侵蚀力因子等值线绘制。具体公式为

$$R=0.0125\times P_m^{1.6295}\times 17.2 \tag{5-1}$$

式中：R——降雨侵蚀力因子，MJ · mm/（hm^2 · h）；

P_m——各站点月降水量，mm。

②土壤可蚀性因子（K）。

基础数据：土壤质地空间分布数据（中国科学院资源环境科学与数据中心：https：//www.resdc.cn/data.aspx ？ DATAID=145）。

数据处理：土壤可蚀性因子（development of a seasonally variable soil erodibility term）是评价土壤遭受降雨侵蚀难易程度的指标，受地区土壤含沙类型、土壤有机碳含量、土壤颗粒物理化性质等所决定，通常数据来源于实地的野外采集。因此，本书选用朱立安等在广东省土壤可蚀性现状及其影响因素分析中的研究成果，具体数值如表 5-7 所示。结合中国科学院资源环境科学与数据中心提供的土壤地质空间分布数据，利用 ArcGIS 处理得到大湾区土壤可蚀性因子的栅格数据。

表 5-7　广东省不同土壤类型的加权 *K* 值

单位：t · hm^2 · h/（hm^2 · MJ · mm）

土纲	加权 *K* 值	土壤类型	加权 *K* 值
铁铝土	0.237	砖红壤	0.233
		赤红壤	0.234
		红壤	0.250
		黄壤	0.209

续表

<table>
<tr><th>土纲</th><th>加权 K 值</th><th>土壤类型</th><th>加权 K 值</th></tr>
<tr><td rowspan="6">初育土</td><td rowspan="6">0.267</td><td>滨海砂土</td><td>0.134</td></tr>
<tr><td>石灰土</td><td>0.292</td></tr>
<tr><td>紫色土</td><td>0.299</td></tr>
<tr><td>火山灰土</td><td>0.268</td></tr>
<tr><td>粗骨土</td><td>0.252</td></tr>
<tr><td>石质土</td><td>0.268</td></tr>
<tr><td rowspan="2">半水成土</td><td rowspan="2">0.279</td><td>山地草甸土</td><td>0.259</td></tr>
<tr><td>潮土</td><td>0.284</td></tr>
<tr><td>水成土</td><td>0.303</td><td>沼泽土</td><td>0.303</td></tr>
<tr><td rowspan="2">盐碱土</td><td rowspan="2">0.310</td><td>滨海盐土</td><td>0.310</td></tr>
<tr><td>酸性硫酸盐土</td><td>0.327</td></tr>
<tr><td>人为土</td><td>0.295</td><td>水稻土</td><td>0.295</td></tr>
</table>

③坡度与坡长因子（LS）。

基础数据：数字高程数据 DEM（地理空间数据云：http：//www.gscloud.cn/search）。

数据处理：坡度与坡长因子是土壤流失中的另一个重要影响因子，通常是由地区的地形地势所决定。因此，DEM 是计算研究区坡度和坡长的基础数据。本书采用以下 LS 计算方法：

$$L=(\lambda/22.1)^{M} \tag{5-2}$$

$$S=\begin{cases}10.8\sin\theta+0.03 & \theta<3^\circ\\ 16.8\sin\theta-0.5 & 5^\circ<\theta<10^\circ\\ 21.91\sin\theta-0.96 & \theta\geqslant 10^\circ\end{cases} \tag{5-3}$$

式中：λ——根据 DEM 数据所提取的坡长；

L——坡长因子；

M——坡度坡长指数，根据参考文献，取值 0.5；

θ——坡度值，根据 DEM 数据提取。

④植被覆盖因子（C）。

基础数据：Landsat 8（http：//www.gscloud.cn/search）。

数据处理：植被覆盖因子受土地利用、植被冠层及地表糙率所影响，是反映地区土地管理的参数，可通过 Landsat 8 数据产品获得研究区 NDVI，并根据式（5-4）计算植被覆盖因子。其中 Landsat 8 数据具体处理参照相关文献资料。

$$C=\exp\left[(-\alpha\times \mathrm{NDVI})/(\beta-\mathrm{NDVI})\right] \tag{5-4}$$

式中：C——植被覆盖度因子；

NDVI——植被覆盖度；

α、β——常数，分别取值 2 和 1。

⑤水土保持措施因子（P）。

基础数据：数据来源于文献梳理。

数据处理：水土保持措施因子反映的是人为措施实施后，区域土壤流失量与顺坡种植的土壤流失量的比值，表示人为水土保持措施的有效度。基于王钧等对广东南岭土壤侵蚀敏感性研究，本书中土壤保持措施因子取值 1。此外，国内外专家学者对水土保持措施因子展开了大量的研究，更多水土保持措施因子详见表 5-8。

表 5-8　我国水土保持措施因子（P）汇总

地区	措施	P
黄河中游	梯田	0.05
	造林	0.19
	种草	0.18
金沙江下游	高带状耕作	0.553 2
	地埂	0.183 6
	生物防冲带——绿肥	0.374 5
	生物防冲带——苹果	0.496 2
	水平梯田	0.031 6
黑龙江	林草地	1
	农田	0.3
	水体	0
	裸地	1

续表

地区	措施	P
甘肃榆中县	林地	1
	草地	1
	建筑用地	0
	水域	0
	农田	0.35

⑥价值量计算。

基础数据：土壤容重、理化性质栅格数据产品（国家青藏高原科学数据中心：http：//data.tpdc.ac.cn/zh-hans/）。

数据处理：基于式（4-4）至式（4-6）以及土壤理化性质数据（容重和有机质），分别计算土壤保持效益中的营养物质价值量（E_f）和减轻泥沙淤积价值量（E_n）。其中，土壤营养物质氮、磷、钾含量和减轻泥沙淤积的单价均参照《森林生态系统服务功能评估规范》（LY/T 1721—2008），分别选取 320 元 /t、2 400 元 /t、2 200 元 /t 以及 6.11 元 /m^3。

（3）固碳释氧量

基础数据：2020 年生态系统净生产力（NEP）数据产品（PIE Engine 遥感计算云服务：https：//engine.piesat.cn/engine-studio/dataset）。

数据处理：本书采用 PIE Engine 遥感计算云服务下载的 EMDO 团队制作的 2020 年中国净生态系统生产力产品，结合 4.2.2.3（3）中所述的相关计算公式，开展大湾区 EI 固碳释氧量计算。

价值计算：依据式（4-12），基于市场价值法，分别选取单位固碳价值 1 200 元 /t、释氧价值 1 000 元 /t 开展 EI 固碳释氧效益价值评估。

5.3.2 效益分析

5.3.2.1 水源涵养效益

基于自然资源部于2020年印发的《资源环境承载能力和国土空间开发适宜性评价指南（试行）》，区域的水源涵养量数值等于区域降水量减去蒸散量和地表径流量。利用中国科学院资源环境科学与数据中心提供的2005—2015年年均降水量栅格数据产品、GLOBELAND提供的精度为30 m粤港澳的大湾区2020年土地利用栅格数据产品、国家生态科学数据中心提供的精度为0.05°×0.05°的全国2005—2015年年均陆地生态系统蒸散发量数据产品，分别获得年均降雨、2020年地表径流［基于式（4-17）］和蒸散发量栅格数据。

根据式（4-6），粤港澳大湾区2020年区域EI年水源涵养总量约366.27亿t；取6.11元/t的水价，2020年粤港澳大湾区EI水源涵养效益价值约合2 237.91亿元。其中，约61.78%的水源涵养贡献率来自林地，其水源涵养量约226.28亿t；耕地次之，水源涵养量约80.34亿t，占总EI水源涵养能力的21.93%；裸地的水源涵养量最少约占大湾区水源涵养总量的0.01%。不同类别EI设施的水源涵养量呈现林地＞耕地＞水体＞草地＞湿地＞裸地的现象，详见表5-9。其该结果不但受不同EI类型的水源涵养能力所影响，还由研究区不同EI类型的面积占比所决定。

表5-9 大湾区不同EI类型的水源涵养能力

EI类型	水源涵养量/（10^8 t/a）	水源涵养价值/（亿元/a）	占比/%
耕地	80.34	490.87	21.93
林地	226.28	1 382.55	61.78
草地	23.02	140.65	6.28
湿地	0.05	0.31	0.01
水体	36.54	223.27	9.98
裸地	0.04	0.26	0.01（较湿地小）
合计	366.27	2 237.91	100.00

值得注意的是，效益量评估机理的选择和基础数据精度的不同，必然造成评估结果的差异。例如，王世豪等通过区域森林、湿地、草地生态系统调节水量与裸地调节水量的差值进行大湾区生态系统服务水源涵养服务量评估，忽略了裸地也属于生态系统的一部分，虽然其生态系统服务能力较弱，但不容忽视。EI 是蓝—绿—棕—青生态网络，既包括了区域中的植被，也包括具有生态系统服务能力的裸地与水体。因此评估中采用《资源环境承载能力和国土空间开发适宜性评价指南（试行）》中所规定的方法，即区域水源涵养量数值等于区域降水量减去蒸散量和地表径流量。

5.3.2.2 土壤保持效益

RUSLE 方程是当前最常用的水土流失量计算方程，最早是由美国科学家提出，并由美国自然资源部推广用于评估区域水土流失风险。通常区域实际水土流失量由区域降雨侵蚀力因子（R）、土壤可蚀性因子（K）、坡度与坡长因子（LS）、植被覆盖因子（C）和水土保持措施因子（P）决定。对基础数据进行处理，得到各因子栅格数据，基于式（4-1），即区域潜在水土流失量与实际水土流失之差，得到 2020 年粤港澳大湾区 EI 土壤保持量，结果详见表 5-10。利用精度为 0.05° ×0.05° 的全国土壤容重和理化性质数据，在区域土壤保持量计算结果的基础上，根据式（4-4）和式（4-5），评估粤港澳大湾区 EI 土壤保持效益价值（保肥量和防止泥沙淤积量），结果如表 5-10 所示。

表 5-10　粤港澳大湾区 EI 建设土壤保持效益

类别	土壤保持量 / (10^8 t/a)	减轻泥沙淤积量 / (10^8 m^3/a)	减轻泥沙淤积灾害价值 / (亿元 /a)	保肥价值 / (亿元 /a)	总价值 / (亿元 /a)
耕地	103.62	19.67	120.21	20.15	185.08
林地	199.71	38.13	232.95	38.37	364.92
草地	26.29	4.92	30.06	5.06	43.26
湿地	0.11	7.12×10^{-3}	0.04	7.39×10^{-3}	0.06
裸地	0.07	0.01	0.07	0.01	0.12
合计	329.80	62.74	383.33	63.60	593.44

由表 5-10 可知，基于所获数据，2020 年粤港澳大湾区 EI 建设的总土壤保持量约 329.80 亿 t/a，其中林地土壤保持物质量效益约 199.71 亿 t/a；耕地的土壤保持物质量效益约 103.62 亿 t/a；草地效益量约 26.29 亿 t/a；湿地效益约 0.11 亿 t/a；裸地效益量最小约 0.07 亿 t/a。考虑区域土壤容重，大湾区 EI 建设的年总减轻泥沙淤积量达 62.74 亿 m^3/a，总价值达 383.33 亿元 /a；结合区域土壤理化性质（氮、磷、钾含量），土壤保持效益中的保肥价值量约 63.60 亿元 /a。不同类别 EI 的土壤保持效益贡献量为林地＞耕地＞草地＞湿地＞裸地。综上所述，粤港澳大湾区 EI 建设的土壤保持效益价值总量约 593.44 亿元 /a；另外，粤港澳大湾区 EI 土壤保持效益价值主要来源于防止水土流失导致的泥沙淤积危害，其次是土壤保肥量。与水源涵养效益相同，各类型 EI 建设的土壤保持效益量与其面积大小息息相关。

5.3.2.3 固碳释氧效益

基于式（4-10）以及 EMDO 团队制作的 2020 年中国净生态系统生产力栅格数据产品，2020 年大湾区 EI 建设的固碳量计算结果如表 5-11 所示。其中，林地总固碳量最大，高达 2.27×10^7 t CO_2，价值 272.33 亿元 /a；耕地次之，固碳量约 6.09×10^6 t CO_2，价值约 73.04 亿元 /a；草地固碳量约 2.34×10^6 t CO_2，价值 28.02 亿元 /a；湿地最少，其固碳量约 5.92×10^3 t CO_2/a，价值 0.07 亿元 /a，总计约 3.11×10^7 t CO_2/a，价值 373.46 亿元 /a。基于式（4-11），2020 年粤港澳大湾区 EI 建设的氧气释放总量约 2.27×10^7 t O_2，价值达 227.19 亿 /a。其中，林地总释氧量最大，高达 1.66×10^7 t O_2，价值 165.67 亿元 /a；耕地次之，约 4.44×10^6 t O_2，价值约 44.43 亿元 /a；草地释氧量约 1.70×10^6 t O_2，价值 17.05 亿元 /a；湿地最少，释氧量约 4.32×10^3 t O_2，价值 0.04 亿元 /a，总计约 2.27×10^7 t O_2，价值约 227.19 亿元 /a。即大湾区 EI 建设的年总固碳释氧效益价值量约 600.66 亿元 /a，且各 EI 类型的效益贡献排序为林地＞耕地＞草地＞湿地，其趋势与其他研究结果一致。

表 5-11　粤港澳大湾区 EI 建设固碳释氧效益

EI 类型	固碳效益		释氧效益	
	固碳量 /（t CO_2/a）	固碳价值 /（亿元 /a）	释氧量 /（t O_2/a）	释氧价值 /（亿元 /a）
耕地	6.09×10^6	73.04	4.44×10^6	44.43
林地	2.27×10^7	272.33	1.66×10^7	165.67
草地	2.34×10^6	28.02	1.70×10^6	17.05
湿地	5.92×10^3	0.07	4.32×10^3	0.04
合计	3.11×10^7	373.46	2.27×10^7	227.19

值得注意的是，EI 建设固碳释氧评估结果受基础数据、评估方程以及模型的影响较大，不同研究中的输出结果可能存在较大差异。例如，温宥越等在粤港澳大湾区生态系统演变对固碳释氧服务影响的研究中，得出“2015 年大湾区陆地生态系统固碳量为 9 166.56 Gg，释氧量为 88 881.69 Gg”（1 Gg = 1×10^6g），该结果与林媚珍所述的 28 617.18 万 gC 存在巨大差异。考虑 2015—2018 年的生态面积损失，其结果也存在巨大差异，主要原因是计算模型、基础数据精确度以及计算参数选择的不同带来的系统性误差。

5.3.3 结果与讨论

宏观尺度 EI 建设的核心效益是确保区域整体生态安全格局的稳定性，从而实现包括水源涵养、土壤保持、固碳释氧和防风固沙效益。由于粤港澳大湾区位于我国南部沿海，且无风沙灾害历史，因此本书在评估粤港澳大湾区尺度下 EI 建设效益的过程中，忽略了区域 EI 建设的防风固沙效益，仅评估区域内 EI 的水源涵养、土壤保持和固碳释氧效益。

评估结果如表 5-12 所示，2020 年粤港澳大湾区 EI 建设确保了 366.27 亿 t 的水源涵养量，其价值达 2 237.90 亿元；粤港澳大湾区 EI 建设年土壤保持总量约 329.81 亿 t，其中年保肥总量约 5.90 × 10^6 t，价值约 63.61 亿元，减少泥沙淤积量约 62.74 亿 m^3 / a，价值约 383.34 亿元，年总土壤保持效益价值量达 593.45 亿元；固碳释氧效益中，粤港澳大湾区 EI 建设的年固碳量约 3.11 × 10^7 t CO_2，价值达 373.47 亿元，年氧气释放量约 2.27 × 10^7 t O_2，价值达 227.19 亿元，总计 600.66 亿元。综上所述，2020 年粤港澳大湾区 EI 建设的总生态效益价值约 3 285.51 亿元，其中水源涵养效益占总效益量的 65.21%；固碳释氧效益占总效益量的 17.50%；土壤保持效益最少，占总效益的 17.29%。即 2020 年粤港澳大湾区 EI 建设生态效益（水源涵养、土壤保持和固碳释氧）中，水源涵养的效益贡献量最大。

表 5-12　粤港澳大湾区 EI 建设生态效益功能量和价值量

效益		物质量	价值量 / 亿元	总计 / 亿元	占比 /%
水源涵养 /（亿 t/a）		366.27	2 237.90	2 237.90	65.21
土壤保持	土壤保持量 /（10^8 t/a）	329.81			
	防泥沙淤积 /10^8 m^3	62.74	383.34	593.45	17.29
	保肥 /t	5.90 × 10^6	63.61		
固碳释氧	固碳量 /t CO_2	3.11 × 10^7	373.47		
	释氧量 /t O_2	2.27 × 10^7	227.19	600.66	17.50
合计			3 285.51	3 432.01	100

此外，需要明确的是，基础数据的选择及其精确度、模型方程的选择、基础数据的处理都会引起最终计算结果的差异性。因此，构建统一的 EI 建设效益评估方法体系在我国 EI 系统建设中至关重要。

在此需要强调的是，本书侧重 EI 建设效益评估方法的研究，而效益物质量精准度依赖于基础数据的准确性和计算模型及软件的更新与发展。但宏观尺度基础数据的获取难度较大，且执行成本较高。因此，本书认为宏观尺度 EI 建设效益的评估工作应由省或市级以上的相关部门发起，并联合有关技术公司、研究所或高校共同开展，以确保宏观尺度 EI 建设效益评估工作的可行性和准确性。其结果可支撑未来城市群、省及以上尺度的生态补偿或交易制度。

5.4 顾及心理感知的木沥河河岸 EI 工程效益分析

5.4.1 工程介绍

木沥河生态基础设施工程自三栋桥开始，沿着木沥河河道往东南方向的暗涵段，长度约 240 m，河道两侧是单行道和居民的居住区。根据示范工程区建设面积小、毗邻街道，建设用地狭长、内涝现象严重等现状，选择占地面积小、具有雨水转输和下渗功能的植草沟、提高地表下渗率的透水铺装和具有雨水净化、过滤和蓄积功能的雨水花园。工程包括植草沟、透水铺装、路沿石开口和物联网监测系统 4 个部分。基于对示范区的物种调研和工程功能需求，为植草沟优化配选了凤凰木、花叶络石和假连翘等植物；物联网监测系统则由多种类型传感器、工控机太阳能、蓄电池等设备组成。工程 2020 年 5 月开始动工，经历了路面破除、河边砌砖及石柱基础施工、路沿石施工、渗滤管铺装、人行道及绿化带施工、气象站设备安装开工、人行道浇筑无砂混凝土施工和苗木种植及地被种植绿化养护等关键阶段，各阶段时间节点如表 5-13 所示。

表 5-13 木沥河河岸生态基础设施工程关键节点

时间	工程关键节点
2020 年 5 月 17 日	原路面破除，工程开工
2020 年 5 月 27 日	河边砌砖及石柱基础施工
2020 年 6 月 15 日	石柱安装
2020 年 6 月 17 日	渗滤管铺装
2020 年 6 月 21 日	路沿石施工
2020 年 7 月 8 日	人行道及绿化带施工
2020 年 7 月 15 日	气象站设备安装开工
2020 年 7 月 21 日	人行道浇筑无砂混凝土施工
2020 年 7 月 27 日	种植苗木及地被种植绿化养护，工程初步完工
2020 年 8 月	项目初步竣工

工程于 2020 年 8 月初步完工，改造前和改造后对比如图 5-1 所示。河岸两侧主要为道路交通，工程建设前景观和生态调节功能遭到严重破坏，建设后河岸具有初期雨水净化、居民休憩娱乐和环境美化等功能。

图 5-1　木沥河河岸生态基础设施建设前后对比

5.4.2　工程效益评价模型设计

木沥河河岸生态基础设施建设的主要目的为流域生态环境治理，河岸的使用者和其他利益获得者既是该区域环境治理的主导者也是工程的受益者。因而，本书将从使用者的角度进行生态基础设施的工程效益评价；同时，结合支付意愿分析和 IPA 模型进行多角度工程效益评价，实地调研居民的支付意愿，探究使用者景感满意度及其文化背景等因素对支付意愿的影响；最后基于满意度评价结果，增加居民对工程主要功能效益的重要度认知调研，运用重要性—满意度模型进行管理优先级分析，为工程优化与管理提供指导建议，也为惠州市高质量的人居环境建设打下基础。

5.4.2.1　木沥河河岸生态基础设施景感满意度评价模型

考虑到工程建设前后主要功能变化较大，且来往人员和周边居民对工程建设信息了解不充分，所以在该工程案例的模型设计中暂不考虑“使用者期望”这一潜变量，仅选取物理感知、审美认知和心理认知 3 个潜变量和景感满意度构建景感满意度模型，基于前文构建的生态基础设施景感满意度模型，本书对木沥河河岸生态基础设施景感满意度影响因素提出以下假设。

H1：物理感知对审美认知有显著正向影响。

H2：物理感知对心理认知有显著正向影响。

H3：物理感知对使用者景感满意度有显著正向影响。

H4：审美认知对心理认知有显著正向影响。

H5：审美认知对使用者景感满意度有显著正向影响。

H6：心理认知对使用者景感满意度有显著正向影响。

H7：审美认知在物理感知对景感满意度影响中起中介作用。

H8：心理认知在物理感知对景感满意度影响中起中介作用。

H9：审美认知和心理认知在物理感知对使用者景感满意度影响中起双重中介作用。

构建的生态基础设施景感满意度评价模型如图 5-2 所示。

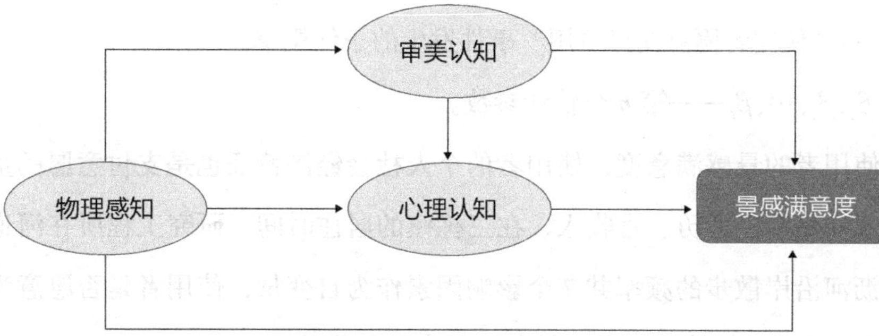

图 5-2 木沥河河岸生态基础设施景感满意度模型

根据木沥河河岸生态基础设施径流滞蓄、改善微气候等方面的功能，选取绿化率、植被丰富度、温度、湿度、景观布局等指标作为观测变量，以解释各潜变量，从使用者自身的社会经济特征、物理感知、审美认知、心理认知 4 个方面设计调查问卷，问卷设置见附录 A 和附录 B。

5.4.2.2 使用者支付意愿影响因素模型

使用者的景感满意度评价是否能够转化为支付意愿的行为也是使用者满意度的一种体现，当工程带给使用者足够高的效益和满意度，使用者根据个人偏好愿意为工程建设或改进提供费用支持。这一研究将能为生态基础设施推广建设提供极大的支持，也将进一步实现公众参与城市可持续发展建设。

结合研究区经济发展水平和人口社会特征，本书在支付意愿的影响因素分析中重点关注景感满意度和人口社会经济特征与使用者是否愿意支付费用改造河岸环境的关系，其中因变量只有“不愿意支付”和“愿意支付”两个选择，因而在常用的支付意愿影响因素分析模型中选取构建二分类多元 logistic 模型。本书中令“是否愿意支付”为模型的因变量 Y，Y=0 表示使用者不愿意支付费用，Y=1 表示使用者愿意支付费用，“使用者愿意支付费用”事件发生的条件概率设为 P（$Y=1 \mid x_1, x_2, x_3, \cdots, x_n$），构建以下模型：

$$\text{Logit}\,P = \ln\left(\frac{P}{1-P}\right) = \beta_0+\beta_1x_1+\beta_2x_2+\cdots+\beta_nx_n \qquad (5\text{-}5)$$

式中：$x_1, x_2, x_3, \cdots, x_n$——第 n 个支付意愿的影响因素；

P——“使用者愿意支付费用”事件发生的条件概率；

$\beta_0, \beta_1, \beta_2, \cdots, \beta_n$——第 n 个估计参数。

除了使用者的景感满意度，使用者的个人社会经济特征也是支付意愿的重要影响因素，即选择年龄、学历、月收入、在三栋镇的居住时间、研究工程所在河道的了解情况和木沥河沿岸散步的频率共 7 个影响因素作为自变量，使用者是否愿意为工程支付费用作为因变量，构建使用者支付意愿影响因素模型。

5.4.2.3 重要性—满意度（IPA）模型

在居民对各功能效益满意度评价的基础上，研究在问卷中增加居民对各效益重要性排序，最终根据居民的重要性排序对各功能效益的重要性赋值，构建重要性—满意度坐标系，并将各效益指标得分的平均分作为 4 个象限划分的依据，设置以下二维坐标系。其中，第Ⅰ象限为高重要性—高满意度，称为“优势区”；第Ⅱ象限为高重要性—低满意度，称为“改进区”；第Ⅲ象限为低重要性—低满意度，称为“机会区”；第Ⅳ象限为低重要性—高满意度，称为“保持区”，具体划分如图 5-3 所示。

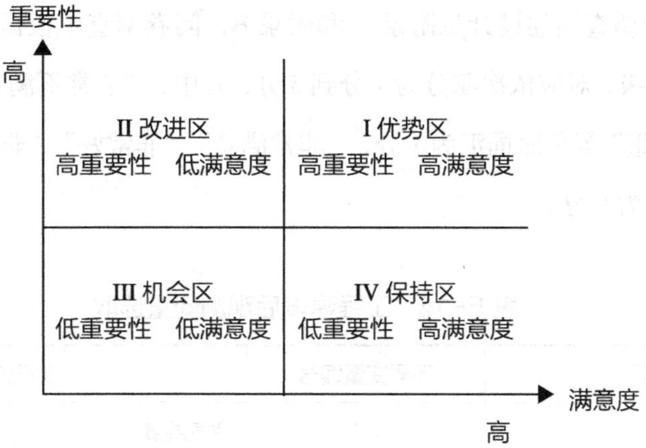

图 5-3 生态基础设施重要性—满意度分析二维坐标图

根据研究工程的组成结构和主要功能，本书从生态效益、社会效益、使用者身心健康效益等方面进行评估，具体效益包括改善河岸生态环境（如空气、植物、土壤、雨水等）、视觉美观、观者身心放松、休闲娱乐、教育意义和其他共 6 个效益，6 个效益的满意度评价使用景感满意度中相应的指标，后续重要性打分则通过使用者对各效益的重要性认知排序进行赋值，效益重要性从高到低分别赋值 6 分、5 分、4 分、3 分、2 分和 1 分，最后计算各效益的重要性和满意度评分的平均分，并对 6 个指标的重要性和满意度得分的平均分再分别计算平均分，从而确定 4 个象限的划分依据。

5.4.3 问卷设计与调研

本小节研究根据前文选取的测量指标和模型的变量要求，运用李克特五级量表法设计调查问卷，对木沥河河岸的使用者进行问卷调查，以探究木沥河工程的使用者满意度和工程效益情况。问卷内容主要包括使用者对木沥河河岸环境现状和使用者的物理感知、审美认知、心理认知、整体满意度、生态基础设施工程支付意愿和个人基本信息，两次问卷对工程在增加生物多样性、径流滞蓄、休憩娱乐和改善心理健康等效益进行了调查，以对比工程建设前后效益变化。为探究工程的景感满意度和支付意愿的影响因素，对此，研究对工程建设后问卷的设计有所调整。所选变量如表 5-14 所示，工程建设前后的调查问卷设计见附录 A 和附录 B；问卷调查中根据问题设置选项从低到高分为 5 个等级，对应依次赋分为 1 分到 5 分，其中，“非常不满意”“非常差”“非常低”“非常严重”等负面词汇为 1 分，“非常满意”“非常好”“非常高”“几乎没有”等正面词汇赋分为 5 分。

表 5-14　工程建设后观测变量选取

潜变量	观测变量编号	观测变量
物理感知 (F1)	X1	空气湿度
	X2	环境温度
	X3	空气中的灰尘
	X4	空气清新度
审美认知 (F2)	X5	整体布局与配色设计
	X6	休憩娱乐设施适配度
	X7	绿化程度的满意度
	X8	植物种类丰富
心理认知 (F3)	X9	身心愉悦放松
	X10	感觉温馨幸福
	X11	与他人交流谈论生态景观等话题
	X12	感受到当地文化、特色
景感满意（非潜变量）	X13	景感满意度

本研究在工程建设前后于工程周边各开展了一次问卷调查，第一次问卷调查于 2019 年 8 月中旬，共发放 148 份问卷，回收问卷 148 份，有效问卷为 140 份，有效率为 95%；第二次问卷调查于 2020 年 8 月中旬开展，共发放问卷 364 份，回收问卷 364，有效问卷 310 份，有效率为 85%。

5.4.4 样本数据统计

5.4.4.1 受访者基本情况

在工程建设前的调查中，被调查者中男性相对较多，本科学历的人数接近被调查者的一半；在工程建设后的调查中，被调查者中女性居多，学历多为高中、中专或大专，但多为 18 ～ 45 岁的青年人，且月收入多为 1 万元以下。

表 5-15 工程建设前后受访者人口社会学信息对比

题目名称	类型	工程建设前		工程建设后	
		频数	比例 /%	频数	比例 /%
性别	男	78	55.71	121	39.03
	女	62	44.29	189	60.97
年龄	18 岁以下	9	6.43	15	4.84
	18 ～ 45 岁	93	66.43	236	76.13
	46 ～ 60 岁	31	22.14	53	17.10
	60 岁以上	7	5.00	6	1.94
学历	初中及以下	60	43.17	129	41.61
	高中、中专和大专	69	42.86	161	51.94
	本科	10	49.29	19	6.13
	硕士及以上	0	7.14	1	0.32
月收入	＜5 000 元	69	49.29	250	80.65
	5 000 ～ 10 000 元	43	30.71	52	16.77
	1 万～ 2 万元	12	8.57	5	1.61
	2 万～ 3 万元	4	2.86	1	0.32
	3 万～ 5 万元	7	5.00	1	0.32
	＞5 万元	2	1.43	1	0.32

在工程建设后的问卷调查中，增加调查使用者的常住地及其对木沥河的了解程度，调查数据中有 90% 的被调查者常住在三栋镇，且超过 70% 以上的人居住时间在 3 年以上，且 70% 以上的被调查者每月都会去木沥河周边散步。根据以上的统计信息，发现本次受访者均对研究地区有一定的了解基础，问卷具有代表性。

5.4.4.2 描述性统计分析

（1）使用者景感满意度

由图 5-4 可知，工程建设前，使用者景感满意度评价的平均分为 2.57 分，低于均分 3 分，景感满意度均分居于比较不满意与一般之间。其中，对工程建设前河岸非常满意的人数仅有 1 人，占 0.71%，认为一般的人数占比最大，占 42.14%，比较不满意和非常不满意的人数共 63 人，共占 45%。

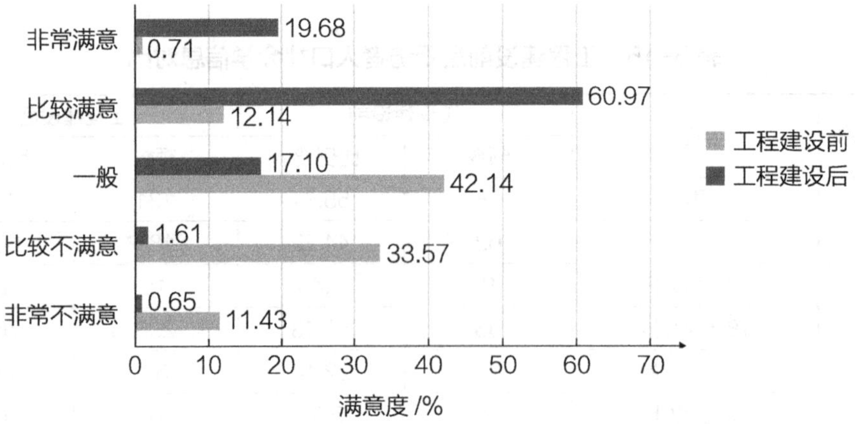

图 5-4 工程建设前后使用者的景感满意度对比

工程建设后，居民的景感满意度平均分为 3.97 分，得分提高了 56%，景感满意度评价接近比较满意。从图 5-4 可以看出，各等级评价人数中，认为比较满意的人数最多，达 189 人，占比达 60.97%，其次是非常满意的人数为 61 人，占 19.68 %。认为非常不满意的人数仅有 2 人，占 0.65 %，认为比较不满的人数仅有 5 人，占 1.61%，比较不满意和非常不满意的人数远低于工程建设前的人数。

综合对比，工程建设后，木沥河河岸的景感满意度增加了 1.4 分，涨幅达 54.47%，其中非常满意和比较满意人数占比大幅增加，增加了 67.79%；不满意和比较不满意人数大幅减少，占比不超过 3%，总人数不超过 10 人；认为河岸环境一般的人数总量和占比均有所下降。根据该对比结果，可以认为木沥河河岸生态基础设施工程的建设明显提升了使用者的景感满意度。

（2）支付意愿

工程建设前后对使用者的支付意愿进行了调查，工程建设前，140 位受访者有 99 位愿意每年为改造工程支付费用，占比达 70.71%；其中有 57.86% 的使用者支付费用区间在 100 元以内，有 3 人愿意支付的费用超过 400 元，支付费用金额最高达每年 10 000 元。99 位使用者愿意支付费用总金额达每年 17 860 元，人均约为 180.40 元。工程建设后，310 位受访者有 137 位受访者愿意为改造工程全线支付费用，占 44.2%，愿意支付的使用者中有 69.34 % 愿意支付 100 元以内，16.06% 的人愿意支付 100 ～ 200 元，支付意愿最高的使用者愿意为全线工程支付 1 000 元，137 位愿意支付的使用者费用总金额达 15 150 元，人均约为 110.40 元。

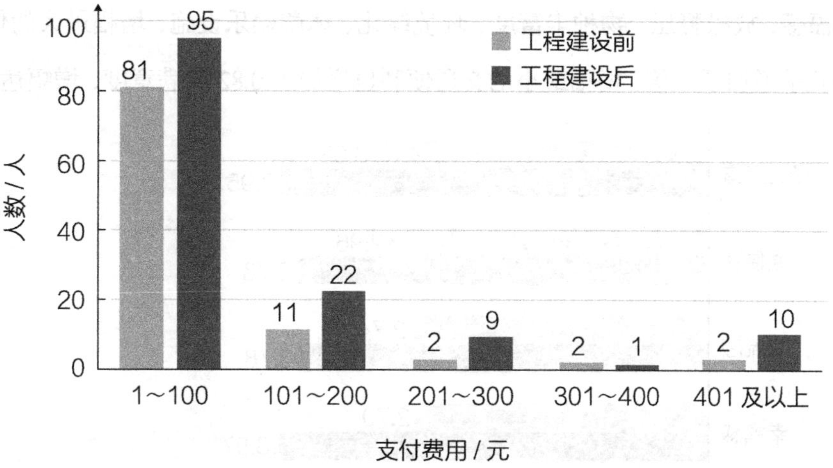

图 5-5 工程建设前后使用者支付意愿分布

5.4.4.3 工程建设效益变化分析

研究在问卷中调查了使用者对建设前后木沥河河岸的径流滞蓄、环境绿化、物种多样性、休憩娱乐、交通便利、放松释压、交流感和幸福感 8 个效益。总体来看，工程建设前各效益平均分为 2 ～ 3 分，各效益的使用者满意度从低到高排序为休憩娱乐设施、物种丰富度、环境绿化、放松释压、幸福感、交流感、交通便利、径流滞蓄。这一打分结果与研究区工程建设前的现状十分相似，建设前，道路两边直接为单行道路，除了围河护栏没有其他设施，车辆经过较为宽阔，但是没有行人道路；同时缺少可以对初期雨水进行净化和截留的植被，因而雨水会直接流入河道内，路面积水相对较少，但对河道造成了严重影响。工程建设后各效益得分在 3.7 分以上，有明显提升，各效益的使用者满意度排名从低到高排序为物种丰富度、交流感、交通便利、放松释压、休憩娱乐设施、径流滞蓄、幸福感、环境绿化，其中环境绿化得分达到 4 分，休憩娱乐设施、径流滞蓄和幸福感评分均为在 3.9 分以上。这一得分与工程建设密不可分，工程建设后，河两岸的护栏边增设人行步道，增加了植草沟和树木，植被覆盖率增加，人行道与机动车道分开，会导致机动车到变窄，相较于其他效益交通的便利性和满意度较低，且工程的植被尚未生长茂盛，难以辨识植被等物种，导致物种多样性效益评分相对较低。

据两次得分计算效益增加值，效益变化从低到高的排序为交通便利、径流滞蓄、交流感、幸福感、放松释压、物种丰富度、环境绿化、休憩娱乐设施，增幅最大的休憩娱乐设施得分几乎增加了一倍，增幅最小的交通便利也增加了 0.82 的满意度，增幅达 27.7%。

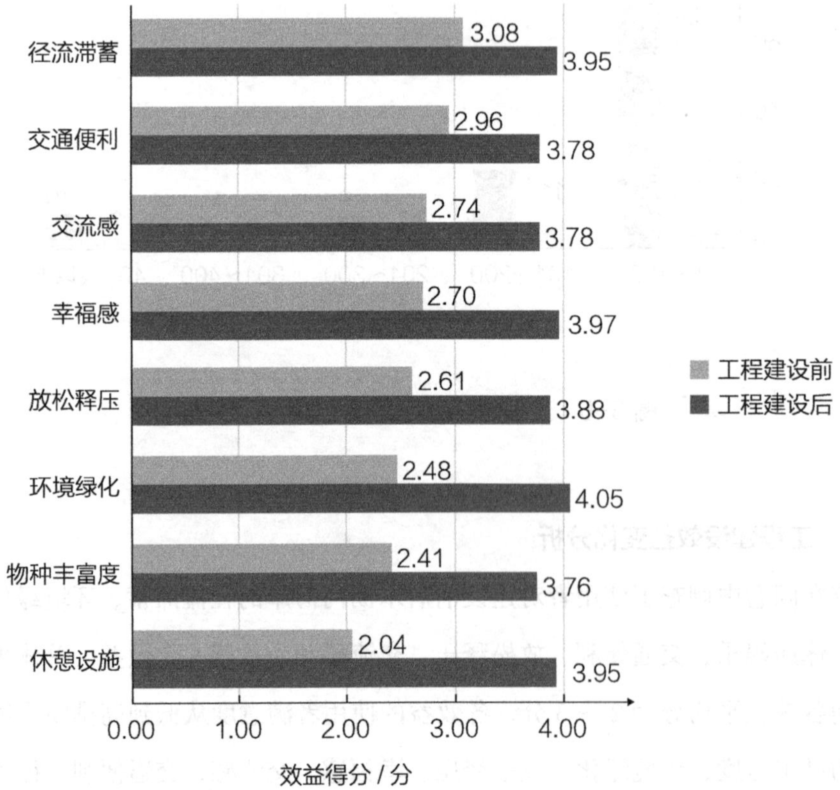

图 5-6 工程建设前后各效益得分情况

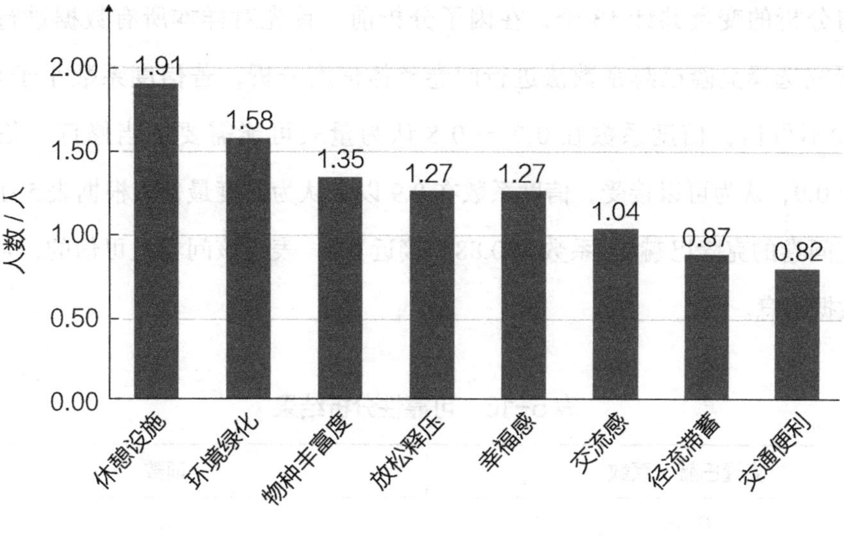

图 5-7 工程建设后效益增加值

5.4.5 问卷调查数据处理与分析

基于问卷调查的数据，研究首先运用 SPSS 软件对问卷题目的信度效度进行分析，信度效度检验通过后，使用 Mplus 软件通过极大似然法对景感满意度结构方程模型的各个路径关系假设进行验证，分析景感满意度各影响因素及其路径关系。其次，运用 R 软件的二分类 logistic 模型进行分析，探究景感满意度、使用者个人特征与支付意愿的关系，明晰支付意愿的影响因素。最后计算 6 项效益的重要性和满意度得分及平均分，并将各效益绘入二维坐标系图中，进而开展各效益的重要性和满意度分布情况分析，对工程效益的管理与优化提供数据支撑。

5.4.5.1 景感满意度模型路径分析

（1）探索性因子分析

ACSI 模型常用于消费者购买的产品与服务，结合研究对象的特点及相应理论基础，本书对潜变量、观测变量和变量路径进行了调整，属于探索性研究，因而需要对所构建的模型、测量题目、构面的解释程度和题目内部的一致性等问题进行检验。

参与分析的变量共计 13 个，在因子分析前，首先对样本所有数据进行可靠性分析。研究选择克隆巴赫系数法进行问卷整体信度分析，若信度系数小于 0.7，则认为问卷不可信，信度系数在 0.7 ～ 0.8 认为量表可能需要适当修订，信度系数在 0.8 ～ 0.9，认为可以接受，信度系数在 0.9 以上认为信度最佳。根据表 5-16 可得，实证研究问卷的克隆巴赫 α 系数为 0.88，接近 0.9，表明该问卷是可信的，可以进一步分析数据信息。

表 5-16　可靠性分析结果

克隆巴赫 α 系数	项数
0.88	12

其次，使用 KMO 和 Bartlett 球形检验对问卷进行探索性因子分析，并对因子分类进行验证，KMO 值越接近 1，则变量间的相关性越强，越适用于做因子分析，一般认为，KMO 值大于 0.8 认为变量适用于进行因子分析；而 Bartlett 球形检验的卡方值显著性小于显著性水平，认为原变量之间存在相关性。根据表 5-17 的结果，研究样本数据的 KMO 值为 0.89，Bartlett 球形检验的卡方统计值显著性小于 0.001，证明样本数据集中度较好，适合做因子分析。由表 5-18 可知，研究公因子累计方差贡献率为 66.08%，大于 60%，表明本书中的测量指标涵盖了景感满意度影响因素的大多数信息。

表 5-17　KMO 和 Bartlett 球形检验

指标		数据
KMO 取样适切性量数		0.885
Bartlett 球形检验	近似卡方	1 683.85
	自由度	66
	显著性	***

注：*** 表示在 0.001 显著性水平下显著。

表 5-18 总方差解释

成分	初始特征值			提取载荷平方和			旋转载荷平方和		
	总计	方差 /%	累积 /%	总计	方差 /%	累积 /%	总计	方差 /%	累积 /%
1	5.37	44.77	44.77	5.37	44.77	44.77	2.81	23.43	23.43
2	1.71	14.25	59.02	1.71	14.25	59.02	2.69	22.45	45.88
3	0.85	7.06	66.08	0.85	7.06	66.08	2.42	20.20	66.08
4	0.69	5.79	71.86						
5	0.62	5.18	77.04						
6	0.52	4.30	81.34						
7	0.49	4.09	85.43						
8	0.47	3.92	89.35						
9	0.38	3.18	92.53						
10	0.33	2.77	95.30						
11	0.32	2.70	98.00						
12	0.24	2.00	100.00						

注：提取方法为主成分分析法。

本书采用主成分分析方法提取公因子，得到表 5-19 的结果。在旋转后的因子载荷矩阵中可以看出，样本共提取了 3 个成分，第 1 个成分包括 X1、X2、X3、X4 共 4 个变量，第 2 个成分包括 X9、X10、X11、X12，第 3 个成分包括 X5、X6、X7、X8，以上各成分包括的变量与原模型各测量变量划分一致，且旋转后的因子载荷为 0.59 ~ 0.85，说明各指标相关性较好。

表 5-19 正交旋转因子载荷矩阵

题项	成分		
	1	2	3
X4	**0.80**	0.17	0.24
X3	**0.75**	0.15	0.20
X2	**0.73**	0.11	0.29

续表

题项	成分		
	1	2	3
X1	0.69	0.16	0.27
X10	0.20	**0.85**	0.09
X9	0.11	**0.84**	0.06
X11	0.22	**0.77**	0.18
X12	0.06	**0.66**	0.31
X8	0.24	0.15	**0.80**
X7	0.27	0.13	0.78
X5	0.39	0.23	0.66
X6	0.47	0.22	0.59

注：提取方法为主成分分析法；旋转方法为恺撒正态化最大方差法；旋转在 4 次迭代后已收敛。

（2）验证性因子分析

在对所有样本变量进行探索性因子分析后，还需要进一步对各维度的信度效度进行进一步检验，以分析各题目对维度的解释能力。首先进行组成信度分析和收敛效度分析，由于本问卷为个人设计，属于探索式研究，则标准化系数以 0.5 为基准。样本的组成信度检验结果如表 5-20 所示，各维度所有题目的标准化系数基本均大于 0.6，X12 的标准化系数为 0.57，大于 0.5，因而所有系数均可以被接受，所有观察变量的 *P* 值小于 0.001，因此所有的题目均是显著的；此外，题目信度是标准化估计值的平方，因而只要大于 0.36，就认为是可接受的，大于 0.5 表示具有良好的题目信度，表中绝大多数观测变量的题目信度大于 0.5，少数在 0.36 ～ 0.5，仅有 X12 的标准化系数为 0.32，低于 0.36，在可接受范围之内，因为可以认为构面对题目的解释能力较好；组成信度 CR 指题目内部的一致性，0.6 以上可以接受，并且 CR 值越高，表示构面内部的一致性越高。表 5-20 的 CR 值均大于 0.8，因而可以认为 3 个维度内部给变量一致性较高。所以根据表 5-20，所有维度均达到建议标准。

表 5-20　题目信度和组合信度

构面	题目	参数显著性估计				题目信度	组成信度
		估计值	标准误差	估计值 / 均值标准误差	*P*	SMC	CR
F1 物理感知	X1	0.67	0.04	17.25	***	0.45	0.82
	X2	0.73	0.04	20.40	***	0.53	
	X3	0.67	0.04	17.10	***	0.45	
	X4	0.83	0.03	27.16	***	0.69	
F2 审美感知	X5	0.76	0.04	21.43	***	0.58	0.83
	X6	0.73	0.04	19.74	***	0.53	
	X7	0.73	0.04	19.67	***	0.54	
	X8	0.73	0.04	19.85	***	0.54	
F3 心理感知	X9	0.79	0.03	27.88	***	0.62	0.83
	X10	0.88	0.02	36.23	***	0.77	
	X11	0.72	0.03	21.58	***	0.52	
	X12	0.57	0.04	12.85	***	0.32	

注：*** 表示在 0.001 显著性水平下显著。

AVE 指维度对题目的平均解释能力，AVE 高于 0.5 则认为维度有较好的解释能力。结果显示本书中 AVE 均大于 0.5，因而可以认为各维度均有较好的解释能力。

表 5-21 中区别效度对角线为 AVE 的开根号值，下三角为构面之皮尔森相关，从表中数据看出本书的构面开根号值大多大于其他构面的相关因子，个别值大于对角线值。可以认为所有值在标准值以内，少部分的在可接受范围之内，仍是合理的，因而研究构面具有区别效度。

表 5-21　收敛效度与区别效度

构面	题目数量	收敛效度	区别效度		
		AVE	F1	F2	F3
F1	4	0.53	**0.73**		
F2	4	0.55	0.85	**0.74**	
F3	4	0.56	0.45	0.53	**0.74**

注：对角线粗体字为 AVE 开根号值，下三角为构面之皮尔森相关。

问卷和数据的信度和效度分析通过后，研究将对前文设计的景感满意度结构方程模型进行验证。分析结构方程模型的常用软件有 Amos 和 Mplus 两种，相较于 Amos，Mplus 能够根据编程指令快速做出中介效果，且结果分析清晰明了。使用 Mplus 软件验证模型的适配度。拟合结果如表 5-22 所示，模型的拟合指标 χ_2/df 为 2.21，在建议值区间内，TLI、CFI、RMSEA、SRMR 4 个指标也均符合建议值，达到理想水平，说明模型适配情况较好，可以利用现有数据和变量进行模型分析。

表 5-22　模型拟合指标

拟合度指标	关键值（建议值）	模型指标	符合
MLχ_2	越小越好	136.78	
Df	越大越好	62.00	
χ_2/df	$1 < \chi_2/df < 3$	2.21	是
TLI	⩾ 0.90	0.95	是
CFI	⩾ 0.90	0.96	是
RMSEA	< 0.08	0.06	是
SRMR	⩽ 0.08	0.04	是

（3）模型检验

在前文设计的模型中，物理感知为外生变量，其他变量均为内生变量。在假设中，有 6 条路径假设关系为变量间直接影响，有两条路径关系假设有简单中介效应，有一条路径为双重中介效应，以上关系需要通过 Mplus 软件进行验证。

模型的拟合结果如表 5-23 所示。

表 5-23　结构方程模型检验结果

构面	题目	标准估计值	标准误差	估计值 / 均值标准误差	P	R^2
F2	F1	0.84	0.03	26.55	***	0.70
F3	F1	0.17	0.15	1.12	0.26	0.27
	F2	0.38	0.15	2.56	*	

续表

构面	题目	标准估计值	标准误差	估计值 / 均值标准误差	P	R^2
X13	F1	0.05	0.13	0.36	0.72	
	F2	0.46	0.13	3.56	***	
	F3	0.19	0.06	3.12	***	

注：*** 表示在 0.001 显著性水平下显著，* 表示在 0.05 显著性水平下显著。

表 5-23 中的路径系数为标准化路径系数，可以反映一个变量变化对另一个变量的影响程度与影响方向，P 反映了标准化系数是否显著，R^2 反馈的是自变量对因变量的解释程度。根据表 5-25 中的 P 可以看出，在 0.001 显著性水平下，潜变量 F1 到潜变量 F2 的路径系数有显著性差异，潜变量 F2 到观测变量 X13 的路径系数有显著性差异，潜变量 F3 到观测变量 X13 的路径系数有显著性差异；潜变量 F2 到潜变量 F3 的路径系数的 P 小于 0.05，因而在 0.05 显著性水平下，潜变量 F2 到潜变量 F3 的路径系数有显著性差异。据此分析，前 6 条路径关系假设中，有 4 条路径关系假设得到支持。

表 5-23 中，F2 的 R^2 为 0.701，远大于 0.36，因而认为潜变量 F1 物理感知对潜变量 F2 审美认知的解释能力较强，而 F3 的 R^2 为 0.27，小于 0.36，被解释能力较低。前 6 条假设检验结果如表 5-24 所示。

表 5-24　不含中介效应的路径假设检验结果

假设		路径系数	假设是否被支持
H1	物理感知对审美认知有显著正向影响	0.84	支持
H2	物理感知对心理认知有显著正向影响	0.38	不支持
H3	物理感知对使用者景感满意度有显著正向影响	0.05	不支持
H4	审美认知对心理认知有显著正向影响	0.17	支持
H5	审美认知对使用者景感满意度有显著正向影响	0.46	支持
H6	心理认知对使用者景感满意度有显著正向影响	0.19	支持

根据路径结果得到的结构方程模型如图 5-8 所示。

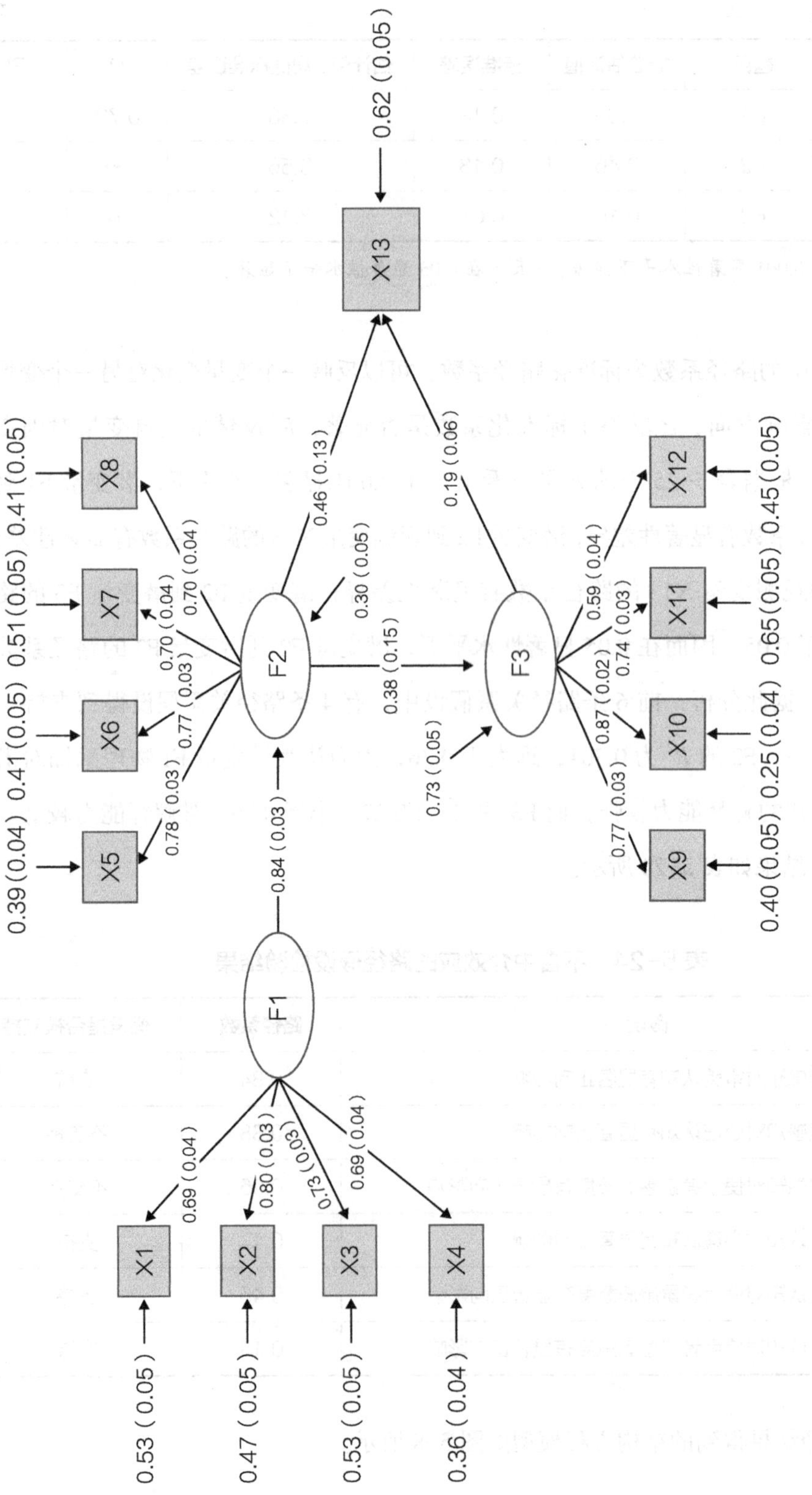

图 5-8　木沥河岸生态基础设施使用者景感满意度结构方程模型

除了 6 条直接影响路径外，还有 3 条含有中介效应的路径关系假设仍待检验。由于假设 H2 和假设 H3 的路径系数检验不显著，均未得到支持，根据中介效应检验的前提条件“变量之间存在（理论上或事实上）明确的因果关系”，可以判定假设 H8 不能够得到支持，另外两个含有中介效应的路径关系假设可以进一步进行中介效应检验。

在 Mplus 软件中可以使用 IND 指令进行简单中介效应和多重中介效应检验，中介效应检验结果如表 5–25 和表 5–26 所示。

表 5–25　中介效应检验结果

F1 到 X13 路径的效应		估计值	标准误差	估计值 / 均值标准误差	*P*
总效应		0.79	0.11	7.56	***
总间接效应		0.73	0.26	2.77	0.01
间接效应	F1 → F2 → X13	0.60	0.26	2.28	0.02
	F1 → F2 → F3 → X13	0.13	0.05	2.45	0.01
直接效应	F1 → X13	0.06	0.29	0.21	0.03

注：*** 表示在 0.001 显著性水平下显著。

表 5–26　总效应和间接效应的置信区间

F1 到 X13 路径的效应		≤ 0.5%	≤ 2.5%	≤ 5%	估计值	≥ 5%	≥ 2.5%	≥ 0.5%
总效应		0.52	0.59	0.62	0.79	0.96	1.00	1.07
总间接效应		0.19	0.28	0.37	0.73	1.20	1.34	1.53
间接效应	F1 → F2 → X13	0.06	0.17	0.25	0.60	1.08	1.19	1.42
	F1→F2→F3→X13	0.01	0.03	0.05	0.13	0.21	0.23	0.27
直接效应	F1 → X13	-0.87	-0.55	0.45	0.06	0.48	0.56	0.78

根据路径分析的效应分解原理，潜变量 F1 到 X13 的总效应等于直接效应加间接效应。潜变量 F1 对 X13 的总效应的路径系数为 0.79，其中总的间接效应等于两个特定的中介效应之和，为 0.728，两者的路径系数在 0.05 水平下均显著，可初步认为潜

变量 F1 到 X13 存在中介效应。从特定效应的结果进一步分析两条中介效应，首先在路径 F1 → F2 → X13 中，路径系数为 0.603，路径系数的 P 值为 $0.022 < 0.05$，在路径 F1 → F2 → F3 → X13 中，路径系数为 0.125，路径系数的 P 值为 $0.006 < 0.05$，因而可以认为在 0.05 显著性水平下，潜变量 F1 到 X13 的效应中存在中介效应。

根据间接效应的置信区间进一步确定中介效应，若特定间接效应的置信区间在 0.05 显著性水平下不包含 0，则表明间接效应成立。由表 5-26 可以看出，路径 F1 → F2 → X13 在 0.05 水平下的置信区间在 0.172 ～ 1.193，没有包含 0；路径 F1 → F2 → F3 → X13 在 0.05 水平下的置信区间在 0.03 ～ 0.232，没有包含 0，因而可以认为两条中介效应的成立。

根据各路径的路径系数，可以计算两条路径的中介效应在潜变量 F1 到 X13 的影响大小。在表 5-25 中，中介效应的路径系数为 0.728，除以总效应 0.79，可以得到该路径中介效应在总效应中的占比，经过计算发现，潜变量 F1 到 X13 的中介效应在总效应中的影响占比为 92.15%；其中，路径 F1 → F2 → X13 的路径系数为 0.603，该路径的中介效应在总效应中占比约为 76.33%，路径 F1 → F2 → F3 → X13 的路径系数为 0.125，该路径的中介效应在总效应中的占比约为 20.73%。基于对前 6 个假设的验证中，潜变量物理感知对使用者景感满意度没有直接影响，但结合各中介效应检验的结果与中介效应在总效应中的占比可以得出，潜变量物理感知 F1 对景感满意度 X13 仍具有影响，但该影响主要是通过其他变量的中介效应而产生的，可以认为是完全中介效应。根据以上分析，研究认为在 0.05 显著性水平下，潜变量 F2 在潜变量 F1 到 X13 的效应中具有中介作用；潜变量 F2 和潜变量 F3 在潜变量 F1 到 X13 的中介效应中具有双重中介作用，假设 7 和假设 9 成立。

综上所述，该实证研究的使用者景感满意度 9 个假设中，假设 H2、假设 H3、假设 H8 共 3 个假设不成立，假设 H1、假设 H4、假设 H5、假设 H6、假设 H7、假设 H9 共 6 个假设成立。

表 5-27 所有假设检验结果

假设		验证结果
H1	物理感知对审美认知有显著正向影响	成立
H2	物理感知对心理认知有显著正向影响	不成立
H3	物理感知对使用者景感满意度有显著正向影响	不成立
H4	审美认知对心理认知有显著正向影响	成立
H5	审美认知对使用者景感满意度有显著正向影响	成立
H6	心理认知对使用者景感满意度有显著正向影响	成立
H7	审美认知在物理感知对景感满意度影响中起中介作用	成立
H8	心理认知在物理感知对景感满意度影响中起中介作用	不成立
H9	审美认知和心理认知在物理感知对景感满意度影响中起双重中介作用	成立

（4）生态基础设施的使用者景感满意度总结

经过结构方程模型检验，木沥河河岸生态基础设施的使用者景感满意度影响因素及影响路径总结如下。

①审美认知和心理认知对木沥河河岸生态基础设施的使用者景感满意度有直接影响，物理感知对其没有直接影响，且审美认知对木沥河河岸生态基础设施的使用者景感满意度的影响程度大于心理认知对木沥河河岸生态基础设施的使用者景感满意度的影响程度。周彬等在宁波市城市居民休闲满意度研究中发现，审美认知对居民休闲总体满意度影响最大，且高于心理认知的影响程度，这与本研究结果一致。这一结果可以反映出城市居民的景感满意度中审美认知这一影响因素至关重要。工程设计中所使用的材料和元素较多，居民或使用者对此类专业性较强的材料感知能力相对较弱，其对工程的直接感知更依赖于工程带给其生理感受的舒适度和心理的情绪影响，而非直接的客观信息的。同时，不同地区、不同工程的使用者文化背景、社会文化不可避免的存在差异，结合本研究区域工程特点和调查群体社会特征，可以认为这一研究结果符合当地实际情况。

②审美认知在物理感知到景感满意度之间起到中介作用。视觉、听觉、嗅觉、味觉和触觉等感官带来的物理感知是人们获取信息唯一且直观的方式，信息传递到大脑产生知性的认知，在知识学习和经验积累中，人们形成自己的偏好和认知，这些偏好综合形成个人的主观意识，人们在获得或了解信息后产生的无意识或有意识的感情、情绪或态度之类的精神反馈，符合生物学和生理学的认知。当人们的审美认知得到了正向的反馈，使用者对生态基础设施的景感满意度也会有正向的提升。

③审美认知和心理认知在物理感知到景感满意度的影响中存在双重中介的效应，且物理感知通过先影响审美认知，审美认知进而影响心理认知最终影响使用者的景感满意度。审美认知产生的情感仅针对客体的直接感知，愉悦、快乐、厌恶等情绪情感均只针对单一要素的评价，如外在形象设计、音乐旋律、颜色搭配等，而当所有要素综合起来时，人类的情绪会随着要素的变化而产生变化。此外，当地的社会文化、评价前使用者的经历与经验、客体综合状况等都会影响居民的心理情感，物理感知通过一系列方式最终通过影响使用者的心理认知进而影响景感满意度，这与马斯洛的需求层次理论相一致。根据路径验证的结果，可以分析得出，木沥河河岸生态基础设施的使用者，物理感知越高，其审美认知水平就越高，因而心理认知就越积极正向，最终导致使用者产生更高的景感满意度。

5.4.5.2 支付意愿分析

支付意愿也是反映使用者满意度的一种方法，满意度评价反映的是使用者的态度；而支付意愿则是通过使用者的行为反映其满意度状况。本书选择的变量及各变量说明如表 5-28 所示。

表 5-28 支付意愿各变量说明

变量		变量含义与赋值
X13	景感满意度	1= 非常不满意；2= 比较不满意；3= 一般；4= 比较满意；5= 非常不满意
X14	年龄	1=18 岁以下；2=18~45 岁；3=46 ～ 60 岁；4=61 岁以上
X15	学历	1= 初中及以下；2= 高中；3= 大专；4= 本科；5= 本科及以上
X16	月收入	1= 无收入；2=5 000 以内；3=5 000 ～ 10 000 元；4=1 万～ 2 万元；5=2 万～ 3 万元；6=3 万～ 5 万元；7=5 万元以上
X17	在三栋镇居住时长	1= 短暂停留；2= 半年以内；3=1 ～ 3 年；4=4 ～ 5 年；5=5 年以上
X18	对木沥河位置的了解	1= 完全不知道；2= 有些印象；3= 非常清楚
X19	在木沥河沿岸散步（经过）的频率	1= 几乎不去；2= 每月 1 ～ 3 次；3= 每周 1 ～ 3 次；4= 每天都去
Y	支付意愿	0= 不愿意；1= 愿意

调查中，仅有 304 位受访者填写支付意愿信息，男性 117 人，女性 187 人，有 139 人愿意为工程建设支付费用，有 165 人不愿意支付费用。愿意支付的人员中，女性占 58.99%；年龄中多为 18 ～ 45 岁的劳动年龄人口；学历中，初中及以下和高中学历的使用者愿意支付的比例较高，占 75%；过半数愿意支付费用的人员月收入低于 5 000 元，此外，根据表 5-29 分析，仍可以发现，在愿意支付费用中，常年居住在三栋镇、了解木沥河位置或在木沥河河岸散步频率较高的人员占了绝大多数。

表 5-29 愿意为工程支付费用的使用者人口特征分布

单位：%

选项	景感满意度	性别	年龄	学历	月收入	常住地	三栋镇居住时间	了解木沥河的位置	木沥河沿岸散步频率
1	0	41	6	40	22	88	6	4	22
2	1	59	74	35	54	6	6	36	35
3	17		19	17	19	6	14	60	12
4	54		1	7	2		6		32
5	29			1	1		67		
6					1				
7					1				

根据原模型设定，选取景感满意度、年龄、学历、月收入、在三栋镇居住时间、木沥河的位置和木沥河沿岸散步的频率7个变量与使用者的支付意愿构建支付意愿影响因素二分类多元logistic模型。在模型分析前需要对各变量的多重共线性进行分析，由于变量类型有定序变量和定距变量，因而选择斯皮尔曼相关性分析方法对7个变量的多重共线性问题进行分析，分析结果如表5-30所示。

表5-30 支付意愿自变量相关性分析

变量		X13	X14	X15	X16	X17	X18	X19
X13	相关系数	1.00						
	Sig.（双尾）							
X14	相关系数	0.01	1.00					
	Sig.（双尾）	0.82						
	N	304.00	304.00					
X15	相关系数	0.05	-0.31**	-1.00				
	Sig.（双尾）	0.42	0.00					
	N	304.00	304.00	304.00				
X16	相关系数	0.09	-0.01	0.32**	1.00			
	Sig.（双尾）	0.13	0.86	0.00				
	N	304.00	304.00	304.00	304.00			
X17	相关系数	-0.02	0.19**	-0.18**	-0.03	1.00		
	Sig.（双尾）	0.75	0.00	0.00	0.66			
	N	304.00	304.00	304.00	304.00	304.00		
X18	相关系数	-0.06	0.14*	-0.07	0.04	0.37**	1.00	
	Sig.（双尾）	0.31	0.02	0.21	0.49	0.00		
	N	304.00	304.00	304.00	304.00	304.00	304.00	
X19	相关系数	-0.04	0.08	-0.10	-0.02	0.12*	0.33**	1.00
	Sig.（双尾）	0.45	0.17	0.08	0.74	0.04	0.00	
	N	304.00	304.00	304.00	304.00	304.00	304.00	304.00

注：** 表示在0.01级别（双尾）相关性显著；* 表示在0.05级别（双尾）相关性显著。

由表 5-30 可以看到，自变量 X17 与 X14、X15、X18、X19 的相关性显著，X14 与 X15、X17、X18 的相关性显著，F3 与 F2、F4、F6 的相关性显著，X18 与 X14、X17、X19 的相关性显著，X19 与 F6、F7 的相关性显著，X16 仅与 X15 自变量的相关性显著。其中，X14、X15、X17、X18 与多个变量相关，为了避免多重共线性问题，选择剔除以上变量中的与其他变量具有显著相关性较多的变量，分别为 X14、X15、X17、X18，仅对 X13、X16、X19 与因变量 *Y* 进行多元回归分析。X13、X16、X19 与因变量 *Y* 构建的二分类 logistic 模型称为模型 1，并提出原假设：使用者对工程的支付意愿与上述 3 个因子无关。运用 R 软件对该模型进行分析，模型分析结果见表 5-31。

表 5-31 模型 1 参数估计

系数	估计值	标准误差	*z*	*P*
截距	-3.13	0.84	-3.73	***
X13	0.44	0.18	2.48	*
X16	0.18	0.14	1.28	0.20
X19	0.35	0.11	3.26	**

注：*** 表示在 0.001 显著性水平下显著，** 表示在 0.01 显著性水平下显著，* 表示在 0.05 显著性水平下显著。

从分析结果中可以看出，表 5-31 中只有 X13 和 X19 的 *P* 值在 0.05 水平下显著，X16 变量不显著，因而不能拒绝原假设。进一步剔除变量 X16，构建模型 2，再次进行分析。模型 2 即 X13 和 X19 与 *Y* 的二分类 logistic 模型，并设原假设为使用者对工程的支付意愿与上述两个因子无关。

再次通过 R 软件进行模型拟合，确定最优拟合模型，拟合结果如表 5-32 所示。

表 5-32　模型 2 参数估计

系数	估计值	标准误差	z	P
截距	-2.81	0.80	-3.53	***
X13	0.46	0.18	2.57	*
X19	0.34	0.11	3.22	**

注：*** 表示在 0.001 显著性水平下显著，** 表示在 0.01 显著性水平下显著，* 表示在 0.05 显著性水平下显著。

模型的拟合结果显示，X13 和 X19 的 P 在 0.05 水平下显著，所以拒绝原假设，认为该模型中的两个因子与使用者对工程的支付意愿有关。进而开展霍斯默－莱梅肖检验，检验模型是否最大化利用现有数据的信息进行模型拟合，解释模型的变异。

表 5-33　模型 2 的霍斯默-莱梅肖检验结果

X^2	自由度	P
12.2	8	0.14

霍斯默－莱梅肖拟合检验结果中，P 为 0.14，大于 0.05，因而可以认为该模型在 0.05 水平下拟合优度较好，认为当前数据中的信息已经被充分提取，该模型能够真实可靠地反映各变量之间的关系。

确定最优模型后计算两个自变量的 OR，OR 是指二分类事件中一类事件相对于另一类事件的优势，即实验组的事件发生概率 / 对照组的事件发生的概率，可以反映实验组事件发生的效应值。对模型 2 的两个变量的 OR 进行计算分析，结果如表 5-34 所示。

表 5-34　模型 2 的 OR 结果

	截距	X13	X19
Exp（B）	0.06	1.58	1.41

表 5-34 中，自变量 X13 的 OR 为 1.58，大于 1，说明使用者对工程的景感满意度是其对工程支付意愿的促进因素，且使用者对工程的景感满意度每增加 1 个单位，使用者愿意为工程支付费用的概率大约将增加 0.58 倍；自变量 X19 的 OR 为 1.41，大于 1，说明使用者在木沥河沿岸散步或经过的频率是其对工程支付意愿的促进因素，且使用者在木沥河沿岸散步或经过的频率每增加 1 个单位，使用者愿意为工程支付费用的概率将大约增加 0.41 倍。

5.4.5.3 重要性—满意度分析

IPA 模型通过可视化的方法展示了顾客对产品或服务的评价，能够清晰定位使用者的体验感知，有助于决策者进行策略调整。本书对生态基础设施的 6 项效益进行调研，问卷中填写了重要性排序的有效问卷数量为 296 份，其他效益一栏受访者填写交通规划，因而研究中将交通道路规划作为其他效益，交通道路合理性的满意度评价相应作为这一效益指标的满意度得分。因而各效益的指标选择及其得分情况如表 5-35 所示。

表 5-35 6 项效益的重要性和满意度得分

效益类型	对应的满意度指标	重要性得分	满意度得分
改善河岸生态环境	空气湿度	5.48	3.89
	环境温度		
	空气中的灰尘		
	空气清新度		
	路面积水状况		
视觉美观	绿化程度的满意度	4.05	3.93
	整体布局与配色设计		
	植物种类丰富		
休闲娱乐	休憩娱乐设施	3.49	3.94
观者身心放松	身心愉悦放松	4.02	3.98
教育意义	与他人交流谈论环保、生态景观之类的话题	2.89	3.82
其他（交通道路便利）	道路交通合理性	1.07	3.82

表 5-35 中，重要性得分从高到低依次为改善河岸生态环境、视觉美观效益、观者身心放松效益、休闲娱乐效益、其他（交通道路便利）效益，得分最高的是改善河岸生态环境，为 5.48 分。而在满意度得分从高到低依次为观者身心放松效益、休闲娱乐效益、视觉美观、改善河岸生态环境、教育意义和其他（交通道路便利）效益，且教育意义和其他（交通道路便利）效益满意度得分相同，观者身心放松效益满意度最高，达 3.98 分。根据 6 项效益的重要性和满意度得分，计算出效益的重要性平均分和满意度平均分分别为 3.5 和 3.9，将满意度作为横坐标，将重要性作为纵坐标绘制二维坐标系图，将各效益按照得分情况绘制在坐标系中，且在图中标注出重要性和满意度的平均分线，将二维坐标系划分为 4 个象限。最终木沥河河岸生态基础设施效益 IPA 可视化结果如图 5-9 所示。

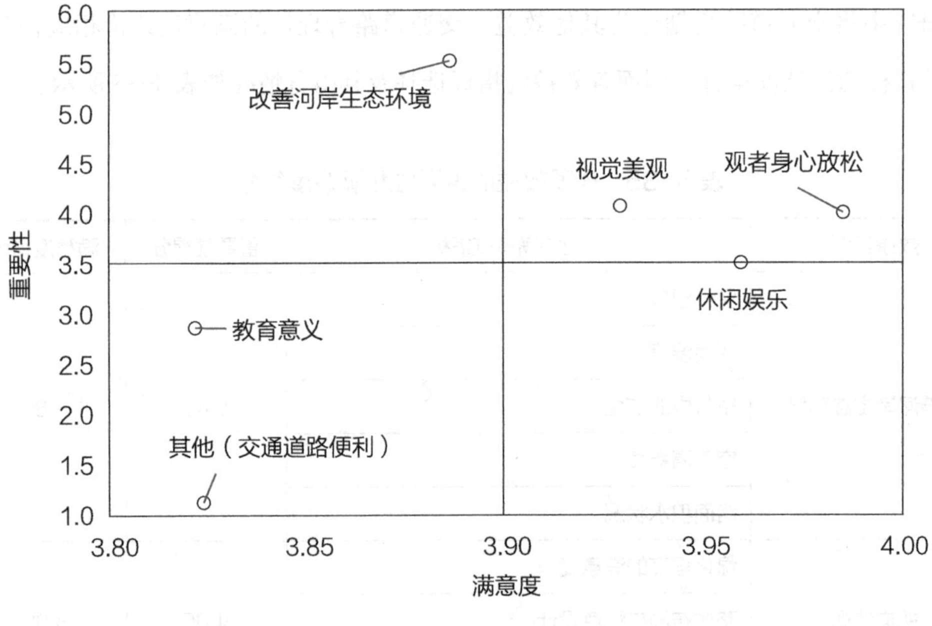

图 5-9　木沥河河岸生态基础设施效益 IPA 结果

图中，观者身心放松效益和视觉美观效益位于第一象限，呈现高满意度高重要性，即优势区，这反映出使用者对于木沥河河岸生态基础设施的设计布局等审美认知和放松解压的心理效益满意度较高，工程管理者应继续保持工程这两项效益，在工程美观设计中对能融入解压放松理念的部分注重维护和更新。

改善河岸生态环境效益位于第二象限，呈现低满意度和高重要性，即改进区，这反映出使用者重视这项工程在改善河岸生态环境方面的效益，但当前这一效益的满意度相对较低，仍有提升的空间。因而工程管理者应注重改善河岸生态环境效益，在后期维护中，重点关注改善河岸生态环境的元素的提升和养护，增加对该部分的改造、更新和保养的投入，提高使用者的满意度。

教育意义效益和其他（交通道路便利）效益位于第三象限，呈现低满意度和低重要性，即机会区，在有充足财力、物力、人力的情况下，根据该工程周边的实际情况增加对这两方面效益的投入，提升当前阶段的实际状况。

休闲娱乐效益位于第四象限，呈现高满意度和低重要性，即保持区，这一结果反映出使用者对当前工程在休憩娱乐设施和环境方面有较好的表现，但使用者认为其重要性较低，因而工程管理者后期无须增加投入，仅需维持该效益及该部分对应的工程建设的水平不被削弱和损坏。

5.4.6 结果与讨论

本节以粤港澳大湾区惠州市的木沥河河岸生态基础设施工程为案例进行工程效益分析，对该工程建设前后使用者景感满意度进行了对比，运用结构方程模型分析了景感满意度影响因素及其路径，进而探究了景感满意度和使用者的个人社会经济特征与使用者对工程的支付意愿的因果关系，最终通过 IPA 模型对工程管理维护的方向进行可视化分析，并给出对应的建议和策略，最终得到以下结论：

①审美认知和心理认知会对使用者景感满意度产生直接影响，物理感知会通过影响审美认知而影响使用者景感满意度，也会通过审美认知进而影响心理认知最终影响使用者景感满意度。目前，木沥河河岸生态基础设施各项效益得分低于 4 分，即低于比较满意的程度，还有提升和改进的空间，因而在后期的管理和优化中，应加强在使用者物理感知、审美认知和心理认知方面的投入与建设，对各感知中相应指标进行分析，诸如改进景观设计，注重草木养护，增加地方文化融入等措施，从而提升使用者的景感满意度。

②景感满意度和工程使用者使用或途经工程的频率是使用者为木沥河生态基础设施工程额外支付费用的两个因素，使用者的景感满意度越高，使用者愿意为生态基础设施工程额外支付费用就越高；工程使用者使用或途经工程的频率越高，使用者愿意为生态基础设施工程额外支付费用就越高。木沥河河岸生态基础设施位于城市的主城区核心位置，周边有居民区和商贸市场，来往人员较多，河岸环境的改善不仅能够提升当前使用者的满意度，还有利于提高工程的价值。良好的生态环境和健康步道不仅能够舒缓使用者的心情，有利于人们的身体健康，较高的居民满意度和较高的工程价值还有可能为周围的店铺和商贸市场带来更多的经济收入，其外部正效应较高。而这一正向效益对于工程建设和运营维护投入提供了极大的支持，有助于该城市的可持续发展。

③木沥河河岸生态基础设施的各项效益满意度评分均较高，位于3.5分以上，但就主要的6项效益而言，视觉美观效益、观者身心放松效益的满意度和重要性排序较高；休闲娱乐效益满意度较高，但重要性较低；改善河岸生态环境效益重要性较高，但满意度得分排名低于平均线，教育意义效益和其他（交通道路便利）效益的满意度与重要性得分均较低。就IPA可视化分析结果来看，木沥河河岸生态基础设施在后期的管理和维护上，首先应注重河岸生态环境效益的提高，并保持该工程带给使用者的审美认知和心理认知，开展包括河岸护栏、步道等硬件基础设施的维护，花草树木的修剪养护，垃圾清理等行动，综合提高河岸生态环境，保持河岸景象美观，维护河岸正常功能使用。在财力、物力、人力富余的情况下对河岸产生的教育意义和交通道路便利效益进行改善提升，例如，增加地方文化景观和标志、增设教育意义标语、加强河岸交通道路管理等措施均有助于地方生态文明建设。

第6章

● ○

结论与展望

6.1 结论与讨论

针对多尺度生态基础设施规划、基于物理感知的建设效益分析、顾及心理感知的工程效益分析等研究结果，进行总结与讨论。

①本书构建了一套综合的多尺度、多维度的生态基础设施规划理论框架，对多尺度生态基础设施网络理论构建具有重要意义。为不同尺度区域构建各有侧重、相互融合与协调的生态基础设施网络规划方法是多尺度生态基础设施网络理论构建的核心要点。研究兼顾自然—社会—经济多维度建立了生态基础设施网络基本要素识别体系，并尝试提出了生态廊道宽度确定阈值建议，确定了不同尺度生态廊道宽度及其类型。进一步将宏观、中观与微观尺度的生态保护目标和区域空间特征相结合，将城市生态基础设施空间配置与社会空间分析相结合，建立了多尺度生态基础设施网络体系。最终，强调重视人类社会可以采用的预防或响应政策的必要性，并结合现有的粤港澳大湾区生态响应政策，以粤港澳大湾区山—河—城—海的空间布局和生态核心区、生态廊道、海湾的整体骨架体系为基础，规划形成“一圈两湾三河多区多廊多节点”的多尺度生态基础设施网络体系空间结构。研究结果表明，在快速城市化背景下，人类社会采用恰当的预防或响应政策对完善生态基础设施供应和环境公平尤为重要，相应地，基于研究结果提出了粤港澳大湾区不同尺度生态基础设施规划与优化配置与调控对策要点。

②多尺度 EI 建设效益评估方法具有可操作性。本书基于 EI 建设的多尺度性和空间建设目标差异性，构建了“宏观——生态效益为主”“中观——生态—物理—社会经济效益并行”“微观——建设目标优先评估”的多尺度 EI 建设效益评估指标体系，并借鉴 GEP 核算和国内外相关指标定量化计算方法，构建了一套可定量、系统化的多尺度 EI 建设效益评估方法体系。评估结果显示，2020 年粤港澳大湾区 EI 建设的水源涵养、土壤保持、固碳释氧 3 项指标的年生态效益总价值达 3 432.01 亿元，其中水源涵养服务价值量最大，占 3 项指标总价值的 65.21%。基于水源涵养、土壤保持、固碳释氧、空气净化、微气候调节和休闲娱乐效益评估指标，2020 年惠州市 EI 建设效益评估结果为：水源涵养价值达 519.31 亿元；土壤保持总价值约 114.33 亿元；固碳释氧总效益价值约 145.05 亿元；空气净化总价值约 0.512 亿元；微气候调节价值约 3.09×10^3 亿元；休闲娱乐服务价值约 571.36 亿元，总计 4 440.56 亿元。2020 年 11 月至 2021 年 11 月，示范区场地 EI 建设效益分别为：水质净化效益价值约 5 253.48 元；径流控制总量价值达 4.583 万元；休闲娱乐服务价值约 0.282 1 亿元；公众健康效益价值约 0.241 9 亿元；扣除 EI 建设和维护成本，其生命周期内的净效益价值量约 0.511 4 亿元。

③生态基础设施是提高居民景感满意度的重要途径，景感满意度是影响公众参与城市建设与管理的重要因素之一，因此工程的优化管理应以使用者的重要性—满意度评价结果作为重点参考依据。研究中将经济学领域的顾客满意度评估方法与景感生态学理论相结合，提出了景感满意度这一概念，并从使用者期望、物理感知、审美认知和心理认知角度构建生态基础设施景感满意度评估方法。使用者对生态基础设施的支付意愿可以衡量使用者对该工程的效益评价和满意度。实证研究结果表明，景感满意度与使用者对公共物品或服务的支付意愿具有显著的正向影响。这一结果说明提高使用者的景感满意度能够相应地提高使用者对工程的支付意愿，这项研究未来在促进公众参与城市公园规划、世界自然遗产保护、生态基础设施工程建设等城市公共事务管理中具有重要作用。人民群众作为使用者积极参与城市规划建设，有助于提高他们的获得感、幸福感和安全感。生态基础设施的建设是在尊重自然规律的基础上，结合使用者的需求进行设计规划，其中融入了使用者的愿景和期望。但工程建设后各项效益的维护和优化不应仅维护工程现有效益，应充分了解使用者的感受，因时而变。而重

要性—满意度评价结果能够有效反映当前居民对工程各效益的重要性排序和满意度感知情况，有助于生态基础设施的趋善化管理。

6.2 不足与展望

本书对生态基础设施的多尺度规划及其双向感知结合效益评价进行了有益探索，但也存在一些不足，未来还有待深入探究，可归纳为以下 3 个方面：

一是数据精度不足，研究指标体系有待完善。在多尺度生态基础设施规划研究中，由于数据获取难易程度、数据观测精度等影响，数据使用过程中需进行空间插值、重采样等处理，这对于微观尺度生态核心区、生态廊道等关键要素的识别精度存在一定影响，后续研究有必要对研究数据库进行丰富，进一步精确探析微观尺度区域生态基底。此外，数据的有限性导致评估指标中用于表征社会经济水平、海洋生态保护等维度的指标不够完整，后续研究需要增加对其他社会经济以及海洋保护相关指标的考虑，同时也有必要深入探讨基于大数据和公众参与的规划方式，构建面向山水林田湖草沙一体化管理的区域生态空间格局。

二是基于物理感知的效益评估缺乏考虑 EI 建设对自然生态系统结构功能的影响。本书创新地引入了城市描述性框架理论，并基于该理论下的结构系统、相互作用系统和社会系统，剖析了 EI 建设对自然环境、城市物理空间、社会经济活动和人类健康的效益。然而，EI 的本质仍是自然与半自然的生态系统，其效益评估应不仅衡量其对人类生产生活带来的福祉，对自然生态系统的福祉也是不容忽视的。

三是顾及心理感知的效益评估实证研究范围有待扩大，调研样本数量和质量还有提升空间。本书仅使用木沥河河岸生态基础设施建设这一案例进行分析，具有一定的代表性，但缺少一定的普适性。另外，未来可以增加对不同类型多尺度的生态基础设施进行验证应用，如垂直绿化、屋顶花园等，丰富和完善景感满意度评价方法。此外在调研中，受当地受访者学历和认知程度的影响，收回的有效问卷数量不足 90%，未来应更注重问卷调查中问题表述及调研质量把控。

生态基础设施既能够保障社会发展，提供人类福祉，也为生态系统稳定、生物多样性提供了支持。为不同尺度区域构建各有侧重、相互融合与协调的生态基础设施网络规划方法，是多尺度生态基础设施网络理论的重要发展方向，如何对多尺度的生态基础设施进行建设效益评估也成为重要课题。基于物理感知的评估方法能对经济、社会、环境等所受到的实际影响进行量化评估，能较为客观地了解生态基础设施的建设效益。而顾及心理感知的生态基础设施的景感满意度研究不仅充分考虑使用者的感受，也从消费者的角度间接反映生态基础设施的效益情况，有助于建设高质量的人居环境，为“以人为本”的可持续城市建设提供了新思路。因此，从景感生态学的角度出发，同时考虑物理感知与心理感知两个维度，未来的研究方向主要有以下几点：

①逐步完善生态系统服务物联网监测技术与体系，结合信息化技术评价生态基础设施的效益。生态基础设施的效益评价不应仅局限于客观数据的生态效益计算，或单一的使用者景感满意度分析，还应从客体本身产生的效益情况与主体接收到的效益进行双向分析，提高生态基础设施评估的全面性。其中最关键也最难以克服的问题是技术，人脸微表情识别有助于判断使用者的景感满意度变化，同时精准的传感器监测设备可以获取社会环境的实时动态数据，为模拟模型的参数校准提供海量“谜码”数据，有益于降低评估中的主观性。结合物联网、大数据和云计算等技术实时传输和储存信息，形成具有综合性、持续性、实时性、全面性的生态基础设施监测数据库，基础而全面的生态数据积累有利于研究生态基础设施在空间上的异质性，提高生态基础设施效益评估的有效性、可靠性和科学性，也为城市可持续发展提供大量的数据支持。

②开展多尺度、多类型、动态化的生态基础设施效益评价，因地制宜地选择生态基础设施。生态基础设施多样化的组成结构决定其功能效益的多样化，除了正向的协同效益，组分间也会有互斥作用，例如，园艺型的生态基础设施对城市居民具有更强的审美作用和放松释压等心理效益，不同植物类型组合可能会降低农作物产量等负面影响，质量低下的生态基础设施会阻碍其对生态系统服务的调节效果。因而深入研究不同尺度、不同类型生态基础设施的效益有助于推进生态工程的实践应用。同时，应从趋善化角度出发逐步实现动态化效益评估，在工程完成及后期的管理维护中，仍应保持对使用者感知的调查与跟进，从而保证工程是与时俱进、充满活力的，这也将有

利于工程效益的提升，促进公众参与城市生态基础设施建设，实现人与自然和谐共生。此外，多角度的评估方法有助于全面分析生态基础设施效益，在生态基础设施效益的设计、建设、管理和推广中具有促进和支持作用，推动人与自然和谐共生的宜居性城市建设。

③为建设“以人为本”“人民满意”的城市，规划者和决策者应更关注城市和居民对生态系统服务的需求和偏好，实现供需平衡，促进公众参与。在城市化过程中，人们对生活品质和精神文化的需求随着生活水平的提升而提高，建设宜居城市不仅需要考虑城市发展规划，更需要关注城市的主体——居民在物质和精神各方面需求。充分发挥生态基础设施对环境问题改善、城市可持续发展建设和居民生身心健康等各方面的效益。因而决策者在考虑使用者需求和关注点，包括物理感知、审美认知和心理认知 3 方面，并将地方文化与使用者愿景融入设计中，综合性全方位地实现生态基础设施的效益和价值。让更多的城市受益者作为城市建设者，不仅能为生态基础设施的设计与规划提供决策支撑，还有助于实现居民生活、社会发展和生态环境的供需平衡，提高城市居民的主人翁意识，增加居民的生活幸福感、归属感和安全感。

参考文献

[1] Peng J，Pan Y，Liu Y，et al. Linking ecological degradation risk to identify ecological security patterns in a rapidly urbanizing landscape [J]. Habitat International，2018，71：110-124.

[2] 李锋，王如松，赵丹. 基于生态系统服务的城市生态基础设施：现状、问题与展望 [J]. 生态学报，2014，34（1）：190-200.

[3] 赵景柱，肖寒，吴刚. 生态系统服务的物质量与价值量评价方法的比较分析 [J]. 应用生态学报，2000，11（2）：290-292.

[4] 彭建，赵会娟，刘焱序，等. 区域生态安全格局构建研究进展与展望 [J]. 地理研究，2017，36（3）：407-419.

[5] 吴隽宇，关洁茹. "海绵城市"概念及其理论研究进展述评 [J]. 南方建筑，2018（3）：34-39.

[6] Read L K，Hogue T S，Edgley R，et al. Evaluating the Impacts of Stormwater Management on Streamflow Regimes in the Los Angeles River [J]. Journal of Water Resources Planning and Management，2019，145（10）：5019016.

[7] Demir S，Atanur G. The prioritization of natural-historical based ecotourism strategies with multiple-criteria decision analysis in ancient UNESCO city：Iznik-Bursa case [J]. International Journal of Sustainable Development and World Ecology，2019，26（4）：329-343.

[8] Batman Z P，Özer P，Ayaz E. The evaluation of ecology-based tourism potential in

coastal villages in accordance with landscape values and user demands: the Bursa-Mudanya-Kumyaka case [J] . International Journal of Sustainable Development and World Ecology, 2019, 26 (2) : 166-178.

[9] Zheng S N, Yu B. Landsenses pattern design to mitigate gale conditions in the coastal city-a case study of Pingtan, China [J] . International Journal of Sustainable Development and World Ecology, 2017, 24 (4) : 352-361.

[10] Dong R, Yu T, Ma H, et al. Soundscape planning for the Xianghe Segment of China's Grand Canal based on landsenses ecology [J] . International Journal of Sustainable Development and World Ecology, 2016, 23 (4) : 343-350.

[11] 赵景柱 . 关于生态文明建设与评价的理论思考 [J] . 生态学报, 2013, 33 (15) : 4552-4555.

[12] Wu J. Landscape sustainability science: ecosystem services and human well-being in changing landscapes [J] . Landscape Ecology, 2013, 28 (6) : 999-1023.

[13] Zhao J, Liu X, Dong R, et al. Landsenses ecology and ecological planning toward sustainable development [J] . International Journal of Sustainable Development and World Ecology, 2016, 23 (4) : 293-297.

[14] Dong R, Liu X, Liu M, et al. Landsenses ecological planning for the Xianghe Segment of China's Grand Canal [J] . International Journal of Sustainable Development and World Ecology, 2016, 23 (4) : 298-304.

[15] Tang L, Wang H, Wang L, et al. Landscape pattern optimization for Xianghe Segment of China's Grand Canal [J] . International Journal of Sustainable Development and World Ecology, 2016, 23 (4) : 305-311.

[16] Li C, Pan L, Zheng S, et al. Microclimatic spatial planning for Xianghe Segment of China's Grand Canal [J] . International Journal of Sustainable Development and World Ecology, 2016, 23 (4) : 312-318.

[17] Wu J, Pan S, Lin X, et al. Water environment planning for the Xianghe Segment of China's Grand Canal [J] . International Journal of Sustainable Development and World Ecology, 2016, 23 (4) : 319-325.

[18] Wu G, Tan L, Yan Y, et al. Measures and planning for wetland restoration of Xianghe Segment of China's Grand Canal [J] . International Journal of Sustainable Development and World Ecology, 2016, 23 (4) : 326-332.

[19] Tian Y，Guo Z，Zhong W，et al. A design of ecological restoration and eco-revetment construction for the riparian zone of Xianghe Segment of China's Grand Canal [J]. International Journal of Sustainable Development and World Ecology，2016，23（4）：333-342.

[20] Ye Z，Lin X，Xu Y，et al. Domestic waste disposal planning for the Xianghe Segment of China's Grand Canal [J]. International Journal of Sustainable Development and World Ecology，2016，23（4）：351-357.

[21] Guo Q，Wu J，Xiao L. Promoting ecosystem services through ecological planning in the Xianghe Segment of China's Grand Canal [J]. International Journal of Sustainable Development and World Ecology，2016，23（4）：365-371.

[22] Zheng R，Zhang T，Liu Z，et al. An EIoT system designed for ecological and environmental management of the Xianghe Segment of China's Grand Canal [J]. International Journal of Sustainable Development and World Ecology，2016，23（4）：372-380.

[23] 石龙宇，赵会兵，郑拴宁，等. 城乡交错带景感生态规划的基本思路与实现 [J]. 生态学报，2017，37（6）：2126-2133.

[24] Zheng S，Cui K，Sun S，et al. Planning and design based on landsenses ecology：the case study of Chongming Island Landsenses Ecol-industrial Park [J]. International Journal of Sustainable Development and World Ecology，2020，27（5）：435-442.

[25] Zhao Y，Xiao L. Analysis on the landsense creation of Chinese classical poetry and mountains-and-waters painting based on landsenses ecology [J]. International Journal of Sustainable Development and World Ecology，2020，27（3）：292-296.

[26] Shao J，Qiu Q，Qian Y，et al. Optimal visual perception in land-use planning and design based on landsenses ecology [J]. International Journal of Sustainable Development and World Ecology，2020，27（3）：233-239.

[27] Xu M，Luo T，Wang Z. Urbanization diverges residents' landscape preferences but towards a more natural landscape：case to complement landsenses ecology from the lens of landscape perception [J]. International Journal of Sustainable Development and World Ecology，2020，27（3）：250-260.

[28] Zheng S N，Yu B. Landsenses pattern design to mitigate gale conditions in the coastal city-a case study of Pingtan，China [J]. International Journal of Sustainable

Development and World Ecology，2018，24（4）：352-361.

［29］江源通，田野，郑拴宁．海岛型城市生态安全格局研究——以平潭岛为例［J］．生态学报，2018，38（3）：769-777.

［30］刘海龙，李迪华，韩西丽．生态基础设施概念及其研究进展综述［J］．城市规划，2005，29（9）：70-75.

［31］Mamder U. E.，Jagomgi J.，M. K. Network of compensative areas as an ecological infrastructure of territories：Proceedings of t-he 2'd internatįonal seminar of the Internatįonal Associationfor Landscape Ecologl［C］. 1988. Münster.

［32］Seiler A.，Eriksson I. M. New approaches for ecological consideration in Swedish road planning：Proceedings of the international conference on "Habitat fragmentation, infrastructure and the role of ecological engineering" Maastricht & DenHague［C］. 1995.

［33］Ahern J. Greenways as a planning strategy［J］. Landscape and Urban Planning，1995，33（1）：131-155.

［34］俞孔坚，李迪华，潮洛蒙．城市生态基础设施建设的十大景观战略［J］．规划师，2001，17（6）：9-17.

［35］俞孔坚，李迪华，李伟．论大运河区域生态基础设施战略和实施途径［J］．地理科学进展，2004，23（1）：1-12.

［36］俞孔坚，王思思，李迪华，等．北京城市扩张的生态底线——基本生态系统服务及其安全格局［J］．城市规划，2010（2）：19-24.

［37］Doko T，Chen W，Sasaki K，et al. An Attempt to Develop an Environmental Infrastructure for Evaluation Functions of Ecosystem-Based Solutions for Disaster Risk Reduction（ECO-DRR）［J］. International Archives of the Photogrammetry，Remote Sensing and Spatial Information Sciences，2016：43-49.

［38］Li F，Liu X，Zhang X，et al. Urban ecological infrastructure：an integrated network for ecosystem services and sustainable urban systems［J］. Journal of Cleaner Production，2017，163：S12-S18.

［39］Childers D L，Bois P，Hartnett H E，et al. Urban Ecological Infrastructure：An inclusive concept for the non-built urban environment［J］. Elementa（Washington, D.C.），2019，7（1）.

［40］韩林桅，张淼，石龙宇．生态基础设施的定义、内涵及其服务能力研究进展［J］.

生态学报，2019，39（19）：7311-7321.

［41］翟辉．“斑块·边界·基质·廊道”与城市的断想［J］．华中建筑，2001，1（3）：59-60.

［42］Harris L D，Gallagher P B. New initiatives for wildlife conservation：the need for movement corridors［M］. Washington，DC：Defenders of Wildlife，1989.

［43］Noss R F，Harris L D. Nodes，networks，and MUMs：preserving diversity at all scales［J］. Environmental management（New York），1986，10（3）：299-309.

［44］Forman R T T. Some general principles of landscape and regional ecology［J］. Landscape Ecology，1995，10（3）：133-142.

［45］Yu K. Security patterns in landscape planning with a case in south China［D］. Cambridge：Harvard University，1995.

［46］栾博，柴民伟，王鑫．绿色基础设施研究进展［J］．生态学报，2017，37（15）：5246-5261.

［47］Sun S，Jiang Y，Zheng S. Research on Ecological Infrastructure from 1990 to 2018：A Bibliometric Analysis［J］. Sustainability（Basel，Switzerland），2020，12（6）：2304.

［48］俞孔坚，李迪华．论反规划与城市生态基础设施建设：中国科协 2002 年学术年会第 22 分会场论文集［C］．北京：中国美术学院出版社，2002.

［49］林勇，樊景凤，温泉，等．生态红线划分的理论和技术［J］．生态学报，2016，36（5）：1244-1252.

［50］北京建筑大学．海绵城市建设技术指南——低影响开发雨水系统构建（试行）［M］．北京：中国建筑工业出版社，2015.

［51］Liao K. The socio-ecological practice of building blue-green infrastructure in high-density cities：what does the ABC Waters Program in Singapore tell us？［J］. Socio-Ecological Practice Research，2019，1（1）：67-81.

［52］Romero-Duque L P，Trilleras J M，Castellarini F，et al. Ecosystem services in urban ecological infrastructure of Latin America and the Caribbean：How do they contribute to urban planning？［J］. The Science of the Total Environment，2020，728：138780.

［53］Amaral M H，Benites-Lazaro L L，Antonio De Almeida Sinisgalli P，et al. Environmental injustices on green and blue infrastructure：Urban nexus in a macrometropolitan territory［J］. Journal of Cleaner Production，2021，289：125829.

[54] Tao W. Study on Strategies of Urban River Environment Improving Based on the Concept of Ecological Infrastructure: Proceedings of the International Conference on Industrial Technology and Management Science（ITMS）[C], Tianjin, China, 2015.

[55] 汤影梅．纽约中央公园［J］．中国园林，1994（4）：38-41.

[56] Duffus D A, Dearden P. Recreational Use, Valuation, and Management, of Killer Whales（Orcinus orca）on Canada's Pacific Coast［J］. Environmental conservation, 1993, 20（2）: 149-156.

[57] van Ruremonde R H A C, Kalkhoven J T R. Effects of woodlot isolation on the dispersion of plants with fleshy fruits［J］. Journal of Vegetation Science, 1991, 2（3）: 377-384.

[58] De Freese D E. Threats to biological diversity in marine and estuarine ecosystems of Florida［J］. Coastal Management, 1991, 19（1）: 73-101.

[59] Horace McFarland J. A National plan study brief. by Warren H. Manning. Published as a special supple-published as a special supplement to landscape archifeclure for july, 1923［Z］. New York: Wiley Subscription Services, Inc., A Wiley Company, 1924: 13, 366.

[60] Ahern J. Green infrastructure for cities: The spatial dimension［J］. Cities of the Future: Towards Integrated Sustainable Water and Landscape Management, 2022.

[61] Weber T, Sloan A, Wolf J. Maryland's Green Infrastructure Assessment: Development of a comprehensive approach to land conservation［J］. Landscape and Urban Planning, 2006, 77（1）: 94-110.

[62] Mell I C. Can green infrastructure promote urban sustainability?［J］. Proceedings of the Institution of Civil Engineers-Engineering Sustainability, 2009, 162（1）: 23-34.

[63] Norton B A, Coutts A M, Livesley S J, et al. Planning for cooler cities: A framework to prioritise green infrastructure to mitigate high temperatures in urban landscapes［J］. Landscape and Urban Planning, 2015, 134: 127-138.

[64] Chapman M G, Underwood A J. Evaluation of ecological engineering of "armoured" shorelines to improve their value as habitat［J］. Journal of Experimental Marine Biology and Ecology, 2011, 400（1）: 302-313.

[65] 薛飞，贾刘耀，钟乐，等．基于文献计量分析的生态系统服务与空间规划交叉研究评述［J］．中国园林，2019，35（10）：95-100.

[66] Spatari S，Yu Z，Montalto F A. Life cycle implications of urban green infrastructure [J] . Environmental Pollution，2011，159（8）：2174-2179.

[67] Vandermeulen V，Verspecht A，Vermeire B，et al. The use of economic valuation to create public support for green infrastructure investments in urban areas [J] . Landscape and Urban Planning，2011，103（2）：198-206.

[68] Flynn K M，Traver R G. Green infrastructure life cycle assessment：A bio-infiltration case study [J] . Ecological Engineering，2013，55：9-22.

[69] Andersson E，Barthel S，Borgström S，et al. Reconnecting Cities to the Biosphere：Stewardship of Green Infrastructure and Urban Ecosystem Services [J] . Ambio，2014，43（4）：445-453.

[70] Lafortezza R，Davies C，Sanesi G，et al. Green Infrastructure as a tool to support spatial planning in European urban regions [J] . IForest（Viterbo），2013，6（3）：102-108.

[71] 王春晓 . 西方城市生态基础设施规划设计的理论与实践研究 [D] . 北京：北京林业大学，2015.

[72] Meerow S，Newell J P. Spatial planning for multifunctional green infrastructure：Growing resilience in Detroit [J] . Landscape and Urban Planning，2017，159：62-75.

[73] Derkzen M L，van Teeffelen A J A，Verburg P H. Green infrastructure for urban climate adaptation：How do residents' views on climate impacts and green infrastructure shape adaptation preferences？ [J] . Landscape and Urban Planning，2017，157：106-130.

[74] Demuzere M，Orru K，Heidrich O，et al. Mitigating and adapting to climate change：Multi-functional and multi-scale assessment of green urban infrastructure [J] . Journal of Environmental Management，2014，146：107-115.

[75] Lovell S T，Taylor J R. Supplying urban ecosystem services through multifunctional green infrastructure in the United States [J] . Landscape Ecology，2013，28（8）：1447-1463.

[76] Hansen R，Pauleit S. From Multifunctionality to Multiple Ecosystem Services？A Conceptual Framework for Multifunctionality in Green Infrastructure Planning for Urban Areas [J] . Ambio，2014，43（4）：516-529.

[77] 杜士强，于德永 . 城市生态基础设施及其构建原则 [J] . 生态学杂志，2010，29（8）：1646-1654.

[78] Li S, Shi T, Fu S, et al. Landscape ecological security pattern during urban expansion of Nanchong City [J]. Ying yong sheng tai xue bao, 2011, 22 (3): 734-740.

[79] 于亚平，尹海伟，孔繁花，等. 南京市绿色基础设施网络格局与连通性分析的尺度效应 [J]. 应用生态学报，2016，27 (7): 2119-2127.

[80] 程迎轩，王红梅，刘光盛，等. 基于最小累计阻力模型的生态用地空间布局优化 [J]. 农业工程学报，2016，32 (16): 248-257.

[81] 杨冬冬，曹易，曹磊. 城市生态化雨洪管理系统构建技术方法和途径 [J]. 中国园林，2019，35 (10): 24-28.

[82] 车生泉，谢长坤，陈丹，等. 海绵城市理论与技术发展沿革及构建途径 [J]. 中国园林，2015，31 (6): 11-15.

[83] 莫琳，俞孔坚. 构建城市绿色海绵——生态雨洪调蓄系统规划研究 [J]. 城市发展研究，2012，19 (5): 130-134.

[84] 王建龙，车伍，易红星. 基于低影响开发的城市雨洪控制与利用方法 [J]. 中国给水排水，2009，25 (14): 6-9.

[85] 车伍，吕放放，李俊奇，等. 发达国家典型雨洪管理体系及启示 [J]. 中国给水排水，2009，25 (20): 12-17.

[86] 车伍，闫攀，赵杨，等. 国际现代雨洪管理体系的发展及剖析 [J]. 中国给水排水，2014，30 (18): 45-51.

[87] Zhao J, Zheng X, Dong R, et al. Planning, construction, and management toward sustainable cities in China needs the Environmental Internet of Things [J]. International Journal of Sustainable Development and World Ecology, 2013, 20 (3): 195-198.

[88] Zhao J, Yan Y, Deng H, et al. Remarks about landsenses ecology and ecosystem services [J]. International Journal of Sustainable Development and World Ecology, 2020, 27 (3): 196-201.

[89] Shao G, Wu G. Progress in landsenses ecology research and applications: an introduction [J]. International Journal of Sustainable Development and World Ecology, 2020, 27 (3): 193-195.

[90] Daily G C, Smil V. Nature's services: societal dependence on natural ecosystems [Z]. 1998: 24, 613-623.

[91] Costanza R, Déarge R, de Groot R S, et al. The Total Value of the World's Ecosystem Services and Natural Capital [J]. Nature, 1997, 387: 253-260.

[92] 赵景柱 . 自然资源利用与持续发展研究［D］. 北京：中国科学院生态环境研究中心，1991.

[93] WCED. Our common future［M］. Oxford：Oxford University Press，1987.

[94] Zheng T，Yan Y，Lu H，et al. Visitors' perception based on five physical senses on ecosystem services of urban parks from the perspective of landsenses ecology［J］. International Journal of Sustainable Development and World Ecology，2020，27（3）：214–223.

[95] Childers D L，Bois P，Hartnett H E，et al. Urban Ecological Infrastructure：An inclusive concept for the non-built urban environment［J］. Elem Sci Amth，2019，7（1）：46.

[96] Matthews T，Lo A Y，Byrne J A. Reconceptualizing green infrastructure for climate change adaptation：Barriers to adoption and drivers for uptake by spatial planners［J］. Landscape and Urban Planning，2015，138：155–163.

[97] Iojă C I，Badiu D L，Haase D，et al. How about water？ Urban blue infrastructure management in Romania［J］. Cities，2021，110：103084.

[98] Dai X，Wang L，Tao M，et al. Assessing the ecological balance between supply and demand of blue-green infrastructure［J］. Journal of Environmental Management，2021，288：112454.

[99] Deak J，Bucht E. Planning for climate change：the role of indigenous blue infrastructure，with a case study in Sweden［J］. Town Planning Review，2011，82（6）：669–685.

[100] Rasmussen L V，Fold N，Olesen R S，et al. Socio-economic outcomes of ecological infrastructure investments［J］. Ecosystem Services，2021，47：101242.

[101] Rosas-Ramos N，Baños-Picón L，Trivellone V，et al. Ecological infrastructures across Mediterranean agroecosystems：Towards an effective tool for evaluating their ecological quality［J］. Agricultural Systems，2019，173：355–363.

[102] Tubridy F. Green climate change adaptation and the politics of designing ecological infrastructures［J］. Geoforum，2020，113：133–145.

[103] Mao Q，Huang G，Wu J. Urban ecosystem services：A review［J］. Ying yong sheng tai xue bao，2015，26（4）：1023–1033.

[104] Wang C，Yu C，Chen T，et al. Can the establishment of ecological security patterns improve ecological protection？ An example of Nanchang，China［J］. The Science of

the Total Environment, 2020, 740: 140051.

[105] Wu X, Zhang J, Geng X, et al. Increasing green infrastructure-based ecological resilience in urban systems: A perspective from locating ecological and disturbance sources in a resource-based city [J] . Sustainable Cities and Society, 2020, 61: 102354.

[106] Guo X, Zhang X, Du S, et al. The impact of onshore wind power projects on ecological corridors and landscape connectivity in Shanxi, China [J] . Journal of Cleaner Production, 2020, 254: 120075.

[107] Dong J H, Dai W T, Shao G Q, et al. Ecological Network Construction Based on Minimum Cumulative Resistance for the City of Nanjing, China [J] . Isprs International Journal of Geo-Information, 2015, 4 (4) : 2045-2060.

[108] Fan F, Wen X, Feng Z, et al. Optimizing urban ecological space based on the scenario of ecological security patterns: The case of central Wuhan, China [J]. Applied Geography (Sevenoaks) , 2022, 138: 102619.

[109] Kang J, Zhang X, Zhu X, et al. Ecological security pattern: A new idea for balancing regional development and ecological protection. A case study of the Jiaodong Peninsula, China [J] . Global Ecology and Conservation, 2021, 26: e1472.

[110] Zhang L, Peng J, Liu Y, et al. Coupling ecosystem services supply and human ecological demand to identify landscape ecological security pattern: A case study in Beijing-Tianjin-Hebei region, China [J] . Urban Ecosystems, 2017, 20 (3) : 701-714.

[111] Hong W, Guo R, Su M, et al. Sensitivity evaluation and land-use control of urban ecological corridors: A case study of Shenzhen, China [J] . Land Use Policy, 2017, 62: 316-325.

[112] Zhang Z, Meerow S, Newell J P, et al. Enhancing landscape connectivity through multifunctional green infrastructure corridor modeling and design [J] . Urban Forestry & Urban Greening, 2019, 38: 305-317.

[113] WU J. Urban ecology and sustainability: The state-of-the-science and future directions: Actionable urban ecology in China and the world: Integrating ecology and planning for sustainable cities [J] . Landscape and Urban Planning, 2014, 125: 209-221.

[114] Fu Y, Shi X, He J, et al. Identification and optimization strategy of county ecological security pattern: A case study in the Loess Plateau, China [J] . Ecological Indicators,

2020，112：106030.

[115] Zhao S，Ma Y，Wang J，et al. Landscape pattern analysis and ecological network planning of Tianjin City [J] . Urban Forestry & Urban Greening，2019，46：126479.

[116] Liu J，Gong X，Li L，et al. Innovative design and construction of the sponge city facilities in the Chaotou Park，Talent Island，Jiangmen，China [J] . Sustainable Cities and Society，2021，70：102906.

[117] Zhang K，Chui T F M. A comprehensive review of spatial allocation of LID-BMP-GI practices：Strategies and optimization tools [J] . Science of The Total Environment，2018，621：915-929.

[118] Darnthamrongkul W，Mozingo L A. Toward sustainable stormwater management：Understanding public appreciation and recognition of urban Low Impact Development（LID）in the San Francisco Bay Area [J] . Journal of Environmental Management，2021，300：113716.

[119] Koc K，Ekmekcioğlu Ö，Özger M. An integrated framework for the comprehensive evaluation of low impact development strategies [J] . Journal of Environmental Management，2021，294：113023.

[120] Tsihrintzis V A，Hamid R. Modeling and management of urban stormwater runoff quality：A review [J] . Water resources management，1997，11（2）：137-164.

[121] EPA. Reducing Stormwater Costs through Low Impact Development（LID）Strategies and Practices [R] . Washington DC：U. S. Environmental Protection Agency，2007.

[122] 吴伟，付喜娥 . 绿色基础设施概念及其研究进展综述 [J] . 国际城市规划，2009，24（5）：67-71.

[123] Benedict M A，Mcmahon E T. Green Infrastructure：linking landscapes and communities [M] . Washington，DC：Island Press，2006.

[124] Barbosa A，Martín B，Hermoso V，et al. Cost-effective restoration and conservation planning in Green and Blue Infrastructure designs—A case study on the Intercontinental Biosphere Reserve of the Mediterranean：Andalusia（Spain）-Morocco [J] . The Science of the total environment，2019，652：1463-1473.

[125] EU. Ecosystem services and Green Infrastructure [EB/OL] . [2021-08-26] . https：//ec.europa.eu/environment/nature/ecosystems/index_en.htm.

[126] 林伟斌，孙一民 . 基于自然解决方案对我国城市适应性转型发展的启示 [J] . 国际

城市规划，2020，35（2）：62-72.

［127］Sowińska-Świerkosz B，García J. What are Nature-based solutions （NBS）？ Setting core ideas for concept clarification［J］. Nature-Based Solutions，2022，2：100009.

［128］Mackinnon K，Sobrevila C，Hickey V. Biodiversity，climate change and adaptation；nature-based solutions from the World Bank Portfolio［R］. Washington，DC：The International Bank for Reconstruction and Development/ The World Bank，2008.

［129］Bauduceau N，Berry P，Cecchi C，et al. Towards an EU Research and Innovation policy agenda for Nature-Based Solution & Re-Naturing Cities：Final Report of the Horizon 2020 Expert Group on 'Nature-based Solutions and Re-naturing Cities'［R］. Brussels：European Communition，2015.

［130］Cohen-Shacham E.，Walters G.，Maginnis S.，et al. Nature-based Solutions to address global societal challenges［R］. Gland Switzerland：IUCN，2016.

［131］IUCN. IUCN 基于自然的解决方案全球标准使用指南（第一版）［R］. 瑞士格兰德：世界自然保护联盟（IUCN），2021.

［132］IUCN. IUCN 基于自然的解决方案全球标准：基于自然的解决方案的审核、设计和推广框架（第一版）［S］. 瑞士格兰德：世界自然保护联盟（IUCN），2021.

［133］Klar N，Herrmann M，Henning-Hahn M，et al. Between ecological theory and planning practice：（Re-）Connecting forest patches for the wildcat in Lower Saxony，Germany［J］. Landscape and urban planning，2012，105（4）：376-384.

［134］Teng M，Wu C，Zhou Z，et al. Multipurpose greenway planning for changing cities：A framework integrating priorities and a least-cost path model［J］. Landscape and urban planning，2011，103（1）：1-14.

［135］Aminzadeh B，Khansefid M. A case study of urban ecological networks and a sustainable city：Tehran's metropolitan area［J］. Urban Ecosystems，2010，13（1）：23-36.

［136］Vergnes A，Kerbiriou C，Clergeau P. Ecological corridors also operate in an urban matrix：A test case with garden shrews［J］. Urban Ecosystems，2013，16（3）：511-525.

［137］Zhao X Q，Xu X H. Research on landscape ecological security pattern in a Eucalyptus introduced region based on biodiversity conservation［J］. Russian Journal of Ecology，2015，46（1）：59-70.

［138］Blaikie P. Epilogue：Towards a future for political ecology that works［J］. Geoforum，

2008，39（2）：765-772.

［139］Cui L，Wang J，Sun L，et al. Construction and optimization of green space ecological networks in urban fringe areas：A case study with the urban fringe area of Tongzhou district in Beijing［J］. Journal of Cleaner Production，2020，276：124266.

［140］Han Y，Yu C，Feng Z，et al. Construction and Optimization of Ecological Security Pattern Based on Spatial Syntax Classification—Taking Ningbo，China，as an Example［J］. Land（Basel），2021，10（4）：380.

［141］Yuanjing Z，Binyang Y，Ashraf M A. Ecological security pattern for the landscape of mesoscale and microscale land：a case study of the Harbin City center［J］. Journal of Environmental Engineering and Landscape Management，2015，23（3）：192-201.

［142］Chen D，Pan Y，Jin X，et al. The delineation of ecological redline area for catchment sustainable management from the perspective of ecosystem services and social needs：A case study of the Xiangjiang watershed，China［J］. Ecological Indicators，2021，121：107130.

［143］Xu Q，Jia Z，Tang S，et al. Achieving Urban Stormwater Mitigation Goals on Different Land Parcels with a Capacity Trading Approach［J］. Water（Basel），2019，11（5）：1091.

［144］Hou Q，Du Y，Dong W，et al. Smart city oriented ecological corridor layout of Sanshui River Basin in arid area of Loess Plateau［J］. Sustainable Energy Technologies and Assessments，2021，44：100993.

［145］俞孔坚，李海龙，李迪华，等. 国土尺度生态安全格局［J］. 生态学报，2009，29（10）：5163-5175.

［146］彭建，李慧蕾，刘焱序，等. 雄安新区生态安全格局识别与优化策略［J］. 地理学报，2018，73（4）：701-710.

［147］孙贤斌，刘红玉. 基于生态功能评价的湿地景观格局优化及其效应——以江苏盐城海滨湿地为例［J］. 生态学报，2010，30（5）：1157-1166.

［148］Jiang C，Li G. Study about Ecological Security Assessment of Beijing Valley Region Based on PSR Model—A Case study of Puwa Valley Region in Fangshan District. IOP conference series［J］. Earth and Environmental Science，2019，281（1）：12011.

［149］Han B，Jin X，Xiang X，et al. An integrated evaluation framework for Land-Space ecological restoration planning strategy making in rapidly developing area［J］.

Ecological Indicators，2021，124：107374.

[150] Liang P，Liming D，Guijie Y. Ecological Security Assessment of Beijing Based on PSR Model [J] . Procedia Environmental Sciences，2010，2：832-841.

[151] Zhao R，Fang C，Liu H，et al. Evaluating urban ecosystem resilience using the DPSIR framework and the ENA model：A case study of 35 cities in China [J] . Sustainable Cities and Society，2021，72：102997.

[152] 吴茂全，胡蒙蒙，汪涛，等 . 基于生态安全格局与多尺度景观连通性的城市生态源地识别 [J] . 生态学报，2019，39（13）：4720-4731.

[153] Ruan W，Li Y，Zhang S，et al. Evaluation and drive mechanism of tourism ecological security based on the DPSIR-DEA model [J] . Tourism Management，2019，75：609-625.

[154] Pinto R，de Jonge V N，Neto J M，et al. Towards a DPSIR driven integration of ecological value，water uses and ecosystem services for estuarine systems [J] . Ocean & Coastal Management，2013，72：64-79.

[155] Wilson E O，Willis E D. Applied biogeography [M] . Harvard Univ. Press.，1975.

[156] 郭纪光，蔡永立，罗坤，等 . 基于目标种保护的生态廊道构建——以崇明岛为例 [J] . 生态学杂志，2009，28（8）：1668-1672.

[157] 吴健生，马洪坤，彭建 . 基于“功能节点—关键廊道”的城市生态安全格局构建——以深圳市为例 [J] . 地理科学进展，2018，37（12）：1663-1671.

[158] Jiang W，Cai Y，Tian J. The application of minimum cumulative resistance model in the evaluation of urban ecological land use efficiency [J] . Arabian Journal of Geosciences，2019，12（23）：1-7.

[159] 张美丽，齐跃普，张利，等 . 基于 Linkage Mapper 与粒度反推法的太行山中北段生态节点识别与分析：以河北省阜平县为例[J]. 生态与农村环境学报，2020，36（12）：1569-1578.

[160] 邓金杰，陈柳新，杨成韫，等 . 高度城市化地区生态廊道重要性评价探索——以深圳为例 [J] . 地理研究，2017，36（3）：573-582.

[161] Luo Y，Wu J，Wang X，et al. Using stepping-stone theory to evaluate the maintenance of landscape connectivity under China's ecological control line policy [J] . Journal of Cleaner Production，2021，296：126356.

[162] 孔繁花，尹海伟 . 济南城市绿地生态网络构建 [J] . 生态学报，2008（4）：1711-

1719.

[163] 王慧 . 县域生态安全格局关键地段识别研究 [D]. 徐州：中国矿业大学，2018.

[164] Wickham J D，Riitters K H，Wade T G，et al. A national assessment of green infrastructure and change for the conterminous United States using morphological image processing [J]. Landscape and Urban Planning，2010，94（3）：186-195.

[165] 闫水玉，赵柯，邢忠 . 美国、欧洲、中国都市区生态廊道规划方法比较研究 [J]. 国际城市规划，2010，25（2）：91-96.

[166] 朱强，俞孔坚，李迪华 . 景观规划中的生态廊道宽度 [J]. 生态学报，2005（9）：2406-2412.

[167] 李维敏 . 广州城市廊道变化对城市景观生态的影响 [J]. 地理学与国土研究，1999（4）：76-80.

[168] Dong J，Peng J，Liu Y，et al. Integrating spatial continuous wavelet transform and kernel density estimation to identify ecological corridors in megacities [J]. Landscape and Urban Planning，2020，199：103815.

[169] Peng J，Yang Y，Liu Y，et al. Linking ecosystem services and circuit theory to identify ecological security patterns [J]. The Science of the Total Environment，2018，644：781-790.

[170] Peng J，Wang A，Luo L，et al. Spatial identification of conservation priority areas for urban ecological land：An approach based on water ecosystem services [J]. Land Degradation & Development，2019，30（6）：683-694.

[171] Peng J，Zhao S，Dong J，et al. Applying ant colony algorithm to identify ecological security patterns in megacities [J]. Environmental Modelling & Software：with Environment Data News，2019，117：214-222.

[172] Bryant M M. Urban landscape conservation and the role of ecological greenways at local and metropolitan scales [J]. Landscape and Urban Planning，2006，76（1）：23-44.

[173] Carlier J，Moran J. Landscape typology and ecological connectivity assessment to inform Greenway design [J]. The Science of the Total Environment，2019，651（Pt 2）：3241-3252.

[174] Xu X，Zhang D. Evaluating the effect of ecological policies from the pattern change of persistent green patches-A case study of Yan'an in China's Loess Plateau [J]. Ecological Informatics，2021，63：101305.

[175] Shi F, Liu S, Sun Y, et al. Ecological network construction of the heterogeneous agro-pastoral areas in the upper Yellow River basin [J] . Agriculture, Ecosystems & Environment, 2020, 302: 107069.

[176] 许峰，尹海伟，孔繁花，等 . 基于 MSPA 与最小路径方法的巴中西部新城生态网络构建 [J] . 生态学报，2015，35（19）：6425–6434.

[177] Honeck E, Moilanen A, Guinaudeau B, et al. Implementing Green Infrastructure for the Spatial Planning of Peri-Urban Areas in Geneva, Switzerland [J] . Sustainability（Basel, Switzerland）, 2020, 12（4）: 1387.

[178] Steffen W, Richardson K, Rockström J, et al. Planetary boundaries: Guiding human development on a changing planet [J] . Science（American Association for the Advancement of Science）, 2015, 347（6223）: 736.

[179] Cui X, Deng W, Yang J, et al. Construction and optimization of ecological security patterns based on social equity perspective: A case study in Wuhan, China [J] . Ecological indicators, 2022, 136: 108714.

[180] Chen J, Wang S, Zou Y. Construction of an ecological security pattern based on ecosystem sensitivity and the importance of ecological services: A case study of the Guanzhong Plain urban agglomeration, China [J] . Ecological Indicators, 2022, 136: 108688.

[181] Kumar D, Singh A, Jha R K, et al. Using spatial statistics to identify the uranium hotspot in groundwater in the mid-eastern Gangetic Plain, India [J] . Environmental Earth Sciences, 2018, 77（19）: 1–12.

[182] Tyralis H, Mamassis N, Photis Y N. Spatial Analysis of Electrical Energy Demand Patterns in Greece: Application of a GIS-based Methodological Framework [J] . Energy Procedia, 2016, 97: 262–269.

[183] Shu D, Guo Y, Zhang B, et al. Rare prokaryotic sub-communities dominate the complexity of ecological networks and soil multinutrient cycling during long-term secondary succession in China's Loess Plateau [J] . The Science of the Total Environment, 2021, 774: 145737.

[184] Sanbi S A N B. Ecological Infrastructure [EB/OL] . [2021–12–07] . https://www.sanbi.org/biodiversity/scienceinto-policy-action/mainstreaming-biodiversity/ecological-infrastructure/.

[185] 俞孔坚，韩西丽，朱强．解决城市生态环境问题的生态基础设施途径［J］．自然资源学报，2007，22（5）：808-816.

[186] 谢高地，鲁春霞，成升魁．全球生态系统服务价值评估研究进展［J］．资源科学，2001（6）：5-9.

[187] 党非．海绵城市建设综合效益及其货币化研究［D］．西安：西安理工大学，2019.

[188] Potschin M B，Haines-Young R H. Ecosystem services：Exploring a geographical perspective［J］. Progress in Physical Geography，2011，35（5）：575-594.

[189] ISO/TC268. Sustainable cities and communities—Descriptive framework for cities and communities：ISO 37105［S］. Switzerland：ISO，2019.

[190] 全国城市可持续发展标准化技术委员会（SAC/TC 567）．城市和社区可持续发展城市描述性框架：GB/T 41151—2021［S］．北京：中国标准出版社，2022.

[191] 王效科，苏跃波，任玉芬，等．城市生态系统：人与自然复合［J］．生态学报，2020，40（15）：5093-5102.

[192] 马世骏，王如松．社会－经济－自然复合生态系统［J］．生态学报，1984（1）：1-9.

[193] 王如松，欧阳志云．社会－经济－自然复合生态系统与可持续发展［J］．中国科学院院刊，2012，27（3）：337-345.

[194] 马克明，傅伯杰，黎晓亚，等．区域生态安全格局：概念与理论基础［J］．生态学报，2004（4）：761-768.

[195] 杨萌，廖振珍，石龙宇．雄安新区多尺度生态基础设施规划［J］．生态学报，2020，40（20）：7123-7131.

[196] 刘丽君，王思思，张质明，等．多尺度城市绿色雨水基础设施的规划实现途径探析［J］．风景园林，2017（1）：123-128.

[197] 方莹，王静，黄隆杨，等．基于生态安全格局的国土空间生态保护修复关键区域诊断与识别——以烟台市为例［J］．自然资源学报，2020，35（1）：190-203.

[198] 屠星月，黄甘霖，邬建国．城市绿地可达性和居民福祉关系研究综述［J］．生态学报，2019，39（2）：421-431.

[199] Peper P J，Mcpherson E G，Simpson J R，et al. Central Florida Community Tree Guide：Benefit，Costs，and Strategic Planting［R］. Albany，CA：U.S. Department of Agriculture，Forest Service，Pacific Southwest Research Station，2010.

[200] 冯晓刚，石辉．基于遥感的夏季西安城市公园“冷效应”研究［J］．生态学报，2012，32（23）：7355-7363.

[201] Nordman E E, Isely E, Isely P, et al. Benefit-cost analysis of stormwater green infrastructure practices for Grand Rapids, Michigan, USA [J]. Journal of Cleaner Production, 2018, 200: 501-510.

[202] 欧阳志云，朱春全，杨广斌，等.生态系统生产总值核算：概念、核算方法与案例研究[J].生态学报，2013，33（21）：6747-6761.

[203] 王仰麟，赵一斌，韩荡.景观生态系统的空间结构：概念、指标与案例[J].地球科学进展，1999（3）：24-30.

[204] 王秀明，赵鹏，龙颖贤，等.基于生态安全格局的粤港澳地区陆域空间生态保护修复重点区域识别[J].生态学报，2022，42（2）：450-461.

[205] 欧阳志云，王如松，赵景柱.生态系统服务功能及其生态经济价值评价[J].应用生态学报，1999（5）：635-640.

[206] 欧阳志云，赵同谦，赵景柱，等.海南岛生态系统生态调节功能及其生态经济价值研究[J].应用生态学报，2004（8）：1395-1402.

[207] 李婷，刘康，胡胜，等.基于 InVEST 模型的秦岭山地土壤流失及土壤保持生态效益评价[J].长江流域资源与环境，2014，23（9）：1242-1250.

[208] 谢高地，张彩霞，张雷明，等.基于单位面积价值当量因子的生态系统服务价值化方法改进[J].自然资源学报，2015，30（8）：1243-1254.

[209] 国家林业局.森林生态系统服务功能评估规范：LY/T 1721—2008 [S].北京：国家林业局，2008.

[210] 柴华，何念鹏.中国土壤容重特征及其对区域碳贮量估算的意义[J].生态学报，2016，36（13）：3903-3910.

[211] 中国标准化研究院.生态系统评估　生态系统生产总值（GEP）核算技术规范（征求意见稿）[EB/OL].[2021-09-30].https：//www.cnis.ac.cn/ynbm/zhfy/bzyjzq/gbyjzq/202010/t20201012_50375.html.

[212] 李晶，任志远.基于 GIS 的陕北黄土高原土地生态系统固碳释氧价值评价[J].中国农业科学，2011，44（14）：2943-2950.

[213] Gallet D. The Value of Green Infrastructure: a guide to recognizing its economic, environmental and social benefits [R]. Washington DC: U. S. Environmental Protection Agency, 2011.

[214] 张艳丽，费世民，李智勇，等.成都市沙河主要绿化树种固碳释氧和降温增湿效益[J].生态学报，2013，33（12）：3878-3887.

［215］孙中元，官静，苏爱锋，等．基于 GIS 的森林生态系统固碳释氧功能评估——以烟台市为例［J］．林业与生态科学，2020，35（4）：405-413.
［216］温宥越，孙强，燕玉超，等．粤港澳大湾区陆地生态系统演变对固碳释氧服务的影响［J］．生态学报，2020，40（23）：8482-8493.
［217］陈莉，李佩武，李贵才，等．应用 CITYGREEN 模型评估深圳市绿地净化空气与固碳释氧效益［J］．生态学报，2009，29（1）：272-282.
［218］马琼芳，燕红，李伟，等．吉林省湿地生态系统固碳和释氧服务功能分析［J］．生态环境学报，2021，30（12）：2351-2359.
［219］马长欣，刘建军，康博文，等．1999—2003 年陕西省森林生态系统固碳释氧服务功能价值评估［J］．生态学报，2010，30（6）：1412-1422.
［220］Cao M K，Tao B，Li K R，et al. Interannual variation in terrestrial ecosystem carbon fluxes in China from 1981 to 1998［J］. Acta Botanica Sinica，2003（5）：552-560.
［221］Chirici G，Chiesi M，Fibbi L，et al. High spatial resolution modelling of net forest carbon fluxes based on ground and remote sensing data［J］. Agricultural and Forest Meteorology，2022，316：108866.
［222］Zhao J，Liu D，Cao Y，et al. An integrated remote sensing and model approach for assessing forest carbon fluxes in China［J］. The Science of the Total Environment，2022，811：152480.
［223］Chen Y Z，Mu S J，Sun Z G，et al. Grassland Carbon Sequestration Ability in China：A New Perspective from Terrestrial Aridity Zones［J］. Rangeland Ecology & Management，2016，69（1）：84-94.
［224］王军邦．中国陆地净生态系统生产力遥感模型研究［D］．杭州：浙江大学，2004.
［225］自然资源部．资源环境承载能力和国土空间开发适宜性评价指南（试行）［R］．北京：自然资源部，2020.
［226］俞孔坚，李迪华．论反规划与城市生态基础设施建设：中国科协 2002 年学术年会第 22 分会场论文集［C］．北京：中国美术学院出版社，2002.
［227］Mcpherson E G，Nowak D J，Rowan A R. Chicago's urban forest ecosystem：results of the chicago urban forest climate project［R］. Radnor，PA：U.S. Forest Service，Northeastern Forest Experiment Station，1994.
［228］Harmon M E O S，Ferrell W K，Franklin J F. Effects on carbon storage of conversion of old-growth forests to young forests［J］. Science（American Association for the

Advancement of Science），1990，247（4943）：699-702.

［229］Buhyoff G J，Gauthier L J，Wellman J D. Predicting Scenic Quality for Urban Forests Using Vegetation Measurements［J］. Forest Science，1984，30（1）：71-82.

［230］Watson R T，Noble I R，Bolin B，et al. Land use，land-use change and forestry：a special report of the Intergovernmental Panel on Climate Change［M］. Cambridge：Cambridge University Press，2000.

［231］张金波，宋长春. 土地利用方式对土壤碳库影响的敏感性评价指标［J］. 生态环境，2003（4）：500-504.

［232］戴尔阜，黄宇，赵东升. 草地土壤固碳潜力研究进展［J］. 生态学报，2015，35（12）：3908-3918.

［233］韩焕金. 城市绿化植物的固碳释氧效应［J］. 东北林业大学学报，2005（5）：68-70.

［234］勾玉莹. 高尔夫球场草坪草固碳释氧价值研究［D］. 北京：北京林业大学，2013.

［235］邹丽芳. 5 种园林绿化草本花卉生态功能的初步研究［D］. 长春：东北师范大学，2006.

［236］徐海顺. 城市新区生态雨水基础设施规划理论、方法与应用研究［D］. 上海：华东师范大学，2014.

［237］欧阳志云，赵同谦，王效科，等. 水生态服务功能分析及其间接价值评价［J］. 生态学报，2004（10）：2091-2099.

［238］王苏民，窦鸿身. 中国湖泊志［M］. 北京：科学出版社，1998.

［239］马荣华，杨桂山，段洪涛，等. 中国湖泊的数量、面积与空间分布［J］. 中国科学：地球科学，2011，41（3）：394-401.

［240］张闻松，宋春桥. 中国湖泊分布与变化：全国尺度遥感监测研究进展与新编目［J］. 遥感学报，2022，26（1）：92-103.

［241］赵欣胜，崔丽娟，李伟，等. 吉林省湿地调蓄洪水功能分析及其价值评估［J］. 水资源保护，2016，32（4）：27-33.

［242］祖港建材通. 水库库容造价［EB/OL］.［2022-03-01］. https：//www.zgjct.com/news/634833.

［243］Lonsdorf E V，Nootenboom C，Janke B，et al. Assessing urban ecosystem services provided by green infrastructure：Golf courses in the Minneapolis-St. Paul metro area［J］. Landscape and Urban Planning，2021，208：104022.

[244] 张炜 . 城市绿色基础设施的生态系统服务评估和规划设计应用研究 [D] . 北京：北京林业大学，2017.

[245] 贵州省市场监督管理局 . 生态系统生产总值（GEP）核算技术规程：DB52/T 1608—2021 [S] . 2021.

[246] 深圳人民政府 . 深圳发布全球首个 GEP 核算制度体系 [EB/OL] . [2022-01-04] . http：//www.sz.gov.cn/cn/xxgk/zfxxgj/zwdt/content/post_8645955.html.

[247] 王兵，李少宁，郭浩 . 江西省森林生态系统服务功能及其价值评估研究 [J] . 江西科学，2007（5）：553-559.

[248] 钱一武 . 北京市门头沟区生态修复综合效益价值评估研究 [D] . 北京：北京林业大学，2011.

[249] 韩晔，周忠学 . 西安市绿地景观吸收雾霾生态系统服务测算及空间格局 [J] . 地理研究，2015，34（7）：1247-1258.

[250] 马新辉，孙根年，任志远 . 西安市植被净化大气物质量的测定及其价值评价 [J] . 干旱区资源与环境，2002（4）：83-86.

[251] 孙晋炜，汪珊，赵泓漪，等 . 北京市地下水量及水位双控研究思路及实践 [J] . 人民黄河，2021，43（S2）：54-56.

[252] 翟远征，王金生 . 北京市平原区地下水动态要素的时间变化及其启示 [J] . 水利学报，2012，43（9）：1034-1041.

[253] Manglik A，Rai S N. Modeling of water table fluctuations in response to time-varying recharge and withdrawal [J] . Water Resources Management，2000，14（5）：339-347.

[254] Moon S，Woo N C，Lee K S. Statistical analysis of hydrographs and water-table fluctuation to estimate groundwater recharge [J] . Journal of Hydrology（Amsterdam），2004，292（1-4）：198-209.

[255] Li J，Deng C，Li Y，et al. Comprehensive Benefit Evaluation System for Low-Impact Development of Urban Stormwater Management Measures [J] . Water Resources Management，2017，31（15）：4745-4758.

[256] 阳烨，沈敏，何俊超，等 . 海绵城市年径流总量控制指标分解方法优化研究 [J] . 中国园林，2019，35（6）：89-93.

[257] Thrysøe C，Balstrøm T，Borup M，et al. FloodStroem：A fast dynamic GIS-based urban flood and damage model [J] . Journal of hydrology（Amsterdam），2021，600：126521.

[258] 李家科，李亚，沈冰，等 . 基于 SWMM 模型的城市雨水花园调控措施的效果模拟［ J ］. 水力发电学报，2014，33（4）：60-67.

[259] Taghizadeh S，Khani S，Rajaee T. Hybrid SWMM and particle swarm optimization model for urban runoff water quality control by using green infrastructures（LID-BMPs）［ J ］. Urban Forestry & Urban Greening，2021，60：127032.

[260] 王世旭 . 基于 MIKE FLOOD 的济南市雨洪模拟及其应用研究［ D ］. 济南：山东师范大学，2015.

[261] Liu Hai long，Chen Xi，Bao An-Ming，et al. Investigation of groundwater response to overland flow and topography using a coupled MIKE SHE/MIKE 11 modeling system for an arid watershed［ J ］. Journal of Hydrology，2007，3（347）：448-459.

[262] 中华人民共和国住房和城乡建设部 . 建筑与小区雨水控制及利用工程技术规范：GB 50400—2016［ S ］. 北京：中国建筑工业出版社，2016.

[263] 苏从先，胡隐樵 . 绿洲和湖泊的冷岛效应［ J ］. 科学通报，1987（10）：756-758.

[264] 彭少麟，周凯，叶有华，等 . 城市热岛效应研究进展［ J ］. 生态环境，2005（4）：574-579.

[265] Manley G. On the frequency of snowfall in metropolitan England［ J ］. Quarterly journal of the Royal Meteorological Society，1958，84（359）：70-72.

[266] 陈利顶，孙然好，刘海莲 . 城市景观格局演变的生态环境效应研究进展［ J ］. 生态学报，2013，33（4）：1042-1050.

[267] Dong J，Lin M，Zuo J，et al. Quantitative study on the cooling effect of green roofs in a high-density urban Area—A case study of Xiamen，China［ J ］. Journal of Cleaner Production，2020，255：120152.

[268] 余兆武，郭青海，孙然好 . 基于景观尺度的城市冷岛效应研究综述［ J ］. 应用生态学报，2015，26（2）：636-642.

[269] 张彪，谢紫霞，高吉喜，等 . 上海市绿地植被的吸热降温效益评估［ J ］. 自然资源学报，2021，36（5）：1334-1345.

[270] 张彪，高吉喜，谢高地，等 . 北京城市绿地的蒸腾降温功能及其经济价值评估［ J ］. 生态学报，2012，32（24）：7698-7705.

[271] 杨士弘 . 城市绿化树木的降温增湿效应研究［ J ］. 地理研究，1994（4）：74-80.

[272] Cao X，Onishi A，Chen J，et al. Quantifying the cool island intensity of urban parks using ASTER and IKONOS data［ J ］. Landscape and urban planning，2010，96（4）：

224-231.

［273］秦耀民，胥彦玲，李怀恩．基于 SWAT 模型的黑河流域不同土地利用情景的非点源污染研究［J］．环境科学学报，2009，29（2）：440-448.

［274］唐兆民．噪声污染的现状、危害及其治理［J］．生态经济，2017，33（1）：6-9.

［275］中华人民共和国生态环境部．中国环境噪声污染防治报告［R］．北京：中华人民共和国生态环境部，2020.

［276］陈龙，谢高地，盖力强，等．道路绿地消减噪声服务功能研究——以北京市为例［J］．自然资源学报，2011，26（9）：1526-1534.

［277］Kaboré M，Bozonnet E，Salagnac P. Building and Urban Cooling Performance Indexes of Wetted and Green Roofs—A Case Study under Current and Future Climates［J］. Energies（Basel），2020，13（23）：6192.

［278］Zhu Z，Zhou D，Wang Y，et al. Assessment of urban surface and canopy cooling strategies in high-rise residential communities［J］. Journal of cleaner production，2021，288：125599.

［279］Zhan W，Chui T F M. Evaluating the life cycle net benefit of low impact development in a city［J］. Urban Forestry & Urban Greening，2016，20：295-304.

［280］Peng L L H，Jim C Y. Economic evaluation of green-roof environmental benefits in the context of climate change：The case of Hong Kong［J］. Urban Forestry & Urban Greening，2015，14（3）：554-561.

［281］Wang Y，Ni Z，Hu M，et al. Environmental performances and energy efficiencies of various urban green infrastructures：A life-cycle assessment［J］. Journal of cleaner production，2020，248：119244.

［282］俞孔坚，李迪华，袁弘，等．“海绵城市”理论与实践［J］．城市规划，2015，39（6）：26-36.

［283］尹海伟，孔繁花，宗跃光．城市绿地可达性与公平性评价［J］．生态学报，2008（7）：3375-3383.

［284］张灵珠，崔敏榆，晴安蓝．高密度城市休憩用地（开放空间）可达性的人本视角评价——以香港为例［J］．风景园林，2021，28（4）：34-39.

［285］刘健枭，文超祥．纽约市滨海开放空间的步行可达性分析及思考：2018 中国城市规划年会［C］．中国浙江杭州，2018.

［286］马修·布朗宁，彭瑟刚·萨布卡特派桑，姜珊，等．虚拟现实技术在绿色基础设施

健康效益评估中的应用［J］. 风景园林，2020，27（9）：35-49.

［287］Lambert K，Bowatte G，Tham R. Greenspace and Atopic Sensitization in Children and Adolescents：A Systematic Review［J］. International Journal of Environmental Research and Public Health，2018，11（15）：2539.

［288］Eisenman T S，Churkina G，Jariwala S P，et al. Urban trees，air quality，and asthma：An interdisciplinary review［J］. Landscape and Urban Planning，2019，187：47-59.

［289］Yeager R A，Smith T R，Bhatnagar A. Green environments and cardiovascular health［J］. Trends in Cardiovascular Medicine，2020，30（4）：241-246.

［290］Mmako N J，Courtney-Pratt H，Marsh P. Green spaces，dementia and a meaningful life in the community：A mixed studies review［J］. Health & Place，2020，63：102311-102344.

［291］Lakhani A，Norwood M，Watling D P，et al. Using the natural environment to address the psychosocial impact of neurological disability：A systematic review［J］. Health & Place，2019，55：188-201.

［292］Akaraci S，Feng X，Suesse T，et al. A Systematic Review and Meta-Analysis of Associations between Green and Blue Spaces and Birth Outcomes［J］. International journal of Environmental Research and Public Health，2020，17（8）：2949.

［293］Vanaken G，Danckaerts M. Impact of Green Space Exposure on Children's and Adolescents' Mental Health：A Systematic Review［J］. International Journal of Environmental Research and Public Health，2018，15（12）：2668.

［294］Rojas-Rueda D，Nieuwenhuijsen M J，Gascon M，et al. Green spaces and mortality：a systematic review and meta-analysis of cohort studies［J］. The Lancet Planetary Health，2019，3（11）：469-477.

［295］Linwei H，Longyu S，Fengmei Y，et al. Method for the evaluation of residents' perceptions of their community based on landsenses ecology［J］. Journal of Cleaner Production，2021，281：124048.

［296］童婷婷. 城郊森林公园特色植物景观游客满意度研究［D］. 长沙：中南林业科技大学，2015.

［297］Vandenabeele B. Schopenhauer on Sense Perception and Aesthetic Cognition［J］. The Journal of Aesthetic Education，2011，45（1）：37-57.

[298] 李哲 . 生态城市美学的理论建构与应用性前景研究 [D]. 天津：天津大学，2005.

[299] Maslow A H. A theory of human motivation [J]. Psychological Review，1943，50（4）：370-396.

[300] 陈晓，王博，张豹 . 远离“城嚣”：自然对人的积极作用、理论及其应用 [J]. 心理科学进展，2016，24（2）：270-281.

[301] 杜卫 . 论审美素养及其培养 [J]. 教育研究，2014，35（11）：24-31.

[302] Gunnarsson B，Knez I，Hedblom M，et al. Effects of biodiversity and environment-related attitude on perception of urban green space [J]. Urban Ecosystems，2017，20（1）：37-49.

[303] Gascon M，Triguero-Mas M，Martínez D，et al. Mental health benefits of long-term exposure to residential green and blue spaces：a systematic review [J]. International Journal of Environmental Research and Public Health，2015，12（4）：4354-4379.

[304] 韩林桅 . 基于景感生态学的生态基础设施生态效益与居民满意度评估方法研究 [D]. 北京：中国科学院大学，2020.

[305] Luo J，Zhang X，Wu Y，et al. Urban land expansion and the floating population in China：For production or for living？ [J]. Cities，2018，74：219-228.

[306] 朱立安，李定强，魏秀国，等 . 广东省土壤可蚀性现状及影响因素分析 [J]. 亚热带水土保持，2007（4）：4-7.

[307] Gao L H，Ning J，Bao W L T Y，et al. A study on the marine ecological security assessment of Guangdong-Hong Kong-Macao Great Bay Area [J]. Marine Pollution Bulletin，2022，176：113416.

[308] WWF CHINA. 粤港澳大湾区生态足迹报告 2019 [R]. 北京：世界自然基金会（瑞士）北京代表处，2019.

[309] 中共中央，国务院 . 粤港澳大湾区发展规划纲要 [EB/OL]. [2019-12-03]. http://www.gov.cn/zhengce/2019-02/18/content_5366593.htm#1.

[310] 刘毅，杨宇，康蕾，等 . 新时代粤港澳大湾区人地关系的全球模式与区域响应 [J]. 地理研究，2020，39（9）：1949-1957.

[311] 踪家峰，林宗建 . 中国城市化 70 年的回顾与反思 [J]. 经济问题，2019（9）：1-9.

[312] 胡序威 . 健全地域空间规划体系 [J]. 城市与区域规划研究，2018，10（1）：93-96.

[313] 许堞，马丽 . 粤港澳大湾区环境协同治理制约因素与推进路径 [J]. 地理研究，

2020，39（9）：2165-2175.

[314] Wimberly M C，Narem D M，Bauman P J，et al. Grassland connectivity in fragmented agricultural landscapes of the north-central United States [J] . Biological Conservation，2018，217：121-130.

[315] Dai L，Liu Y，Luo X. Integrating the MCR and DOI models to construct an ecological security network for the urban agglomeration around Poyang Lake，China [J] . The Science of the Total Environment，2021，754：141868.

[316] Yu Q，Yue D，Wang Y，et al. Optimization of ecological node layout and stability analysis of ecological network in desert oasis：a typical case study of ecological fragile zone located at Deng Kou County（Inner Mongolia）[J] . Ecological Indicators，2018，84：304-318.

[317] Zhang Yanjie，Song Wei. Identify Ecological Corridors and Build Potential Ecological Networks in Response to Recent Land Cover Changes in Xinjiang，China [J] . Sustainability，2020，12（21）：8960.

[318] Kim H，Mallari K J B，Baek J，et al. Considering the effect of groundwater on bioretention using the Storm Water Management Model [J] . Journal of Environmental Management，2019，231：1270-1276.

[319] Li Q，Shi X，Wu Q. Effects of protection and restoration on reducing ecological vulnerability [J] . The Science of the Total Environment，2021，761：143180.

[320] Yang J，Zeng C，Cheng Y. Spatial influence of ecological networks on land use intensity [J] . The Science of the Total Environment，2020，717：137151.

[321] Huang L，Wang J，Fang Y，et al. An integrated approach towards spatial identification of restored and conserved priority areas of ecological network for implementation planning in metropolitan region [J] . Sustainable Cities and Society，2021，69：102865.

[322] Li W，Wang Y，Xie S，et al. Coupling coordination analysis and spatiotemporal heterogeneity between urbanization and ecosystem health in Chongqing municipality，China [J] . The Science of the Total Environment，2021，791：148311.

[323] 徐剑春，王博，罗进选 . 基于 GIS 的水土保持工程水源涵养评估——以通渭县牛谷河项目区为例 [J] . 中国农业文摘 - 农业工程，2021，33（1）：31-35.

[324] 鲁耀，胡万里，雷宝坤，等 . 云南坡耕地红壤地表径流氮磷流失特征定位监测 [J] . 农业环境科学学报，2012，31（8）：1544-1553.

[325] 喻一，宋芳，赵志杰，等 . 深圳河河口近 10 年典型污染物通量变化研究 [J]. 北京大学学报（自然科学版），2020，56（3）：460-470.

[326] 中国工程建筑标准化协会 . 建筑给水排水设计规范：GB 50015—2009 [S]. 北京：中国建筑工业出版社，2009.

[327] OSGeo 中国中心 . 中国年径流量分布情况 [EB/OL]. [2022-03-06]. https://www.osgeo.cn/post/2a403.

[328] 李占斌，朱冰冰，李鹏 . 土壤侵蚀与水土保持研究进展 [J]. 土壤学报，2008（5）：802-809.

[329] 陈云明，刘国彬，郑粉莉，等 . RUSLE 侵蚀模型的应用及进展 [J]. 水土保持研究，2004（4）：80-83.

[330] 黄杰，姚志宏，查少翔，等 . USLE/RUSLE 中水土保持措施因子研究进展 [J]. 中国水土保持，2020（3）：37-39.

[331] Renard K G，Foster G R，Weesies G A，et al. RUSLE：Revised Universal Soil Loss Equation [J]. Journal of Soil and Water Conservation，1991，46（1）：30-33.

[332] Moses A N. GIS-RUSLE Interphase Modelling of Soil Erosion Hazard and Estimation of Sediment Yield for River Nzoia Basin in Kenya [J]. Journal of Remote Sensing & GIS，2017，6（3）：1000205.

[333] 王钧，周平，宫清华，等 . 基于 RUSLE 的广东南岭土壤侵蚀敏感性研究 [J]. 热带地理，2018，38（3）：347-355.

[334] 章文波，付金生 . 不同类型雨量资料估算降雨侵蚀力 [J]. 资源科学，2003（1）：35-41.

[335] 汪明冲，张新长，王兮之，等 . 粤北岩溶区连江流域降雨侵蚀力 [J]. 热带地理，2016，36（3）：495-502.

[336] Ostovari Y，Ghorbani-Dashtaki S，Bahrami H，et al. Soil loss estimation using RUSLE model，GIS and remote sensing techniques：A case study from the Dembecha Watershed，Northwestern Ethiopia [J]. Geoderma Regional，2017，11：28-36.

[337] 朱虹，唐婷婷，蔡艳蓉 . 土壤侵蚀预报模型中的水土保持措施因子研究进展 [J]. 科技展望，2015，25（21）：222-224.

[338] 自然资源部 . 资源环境承载能力和国土空间开发适宜性评价指南（试行）[R]. 北京：自然资源部，2020.

[339] 林媚珍，刘汉仪，周汝波，等 . 多情景模拟下粤港澳大湾区生态系统服务评估与权

衡研究［J］. 地理研究，2021，40（9）：2657-2669.

［340］王世豪，黄麟，徐新良，等 . 粤港澳大湾区生态系统服务时空演化及其权衡与协同特征［J］. 生态学报，2020，40（23）：8403-8416.

［341］周彬，王雨桐，虞虎，等 . 基于结构方程模型的宁波城市居民休闲满意度研究［J］. 地理科学，2020，40（1）：119-127.

［342］韩鑫 . 城市公园海绵化改造使用后评价研究［D］. 泰安：山东农业大学，2020.

［343］Salmond J A，Tadaki M，Vardoulakis S，et al. Health and climate related ecosystem services provided by street trees in the urban environment［J］. Environmental Health，2016，15（Suppl 1）：95-111.

附录 A

工程建设前木沥河沿岸生态基础设施景感满意度调查问卷

尊敬的女士 / 先生：

您好！我们是中国科学院城市环境研究所的研究生，感谢您抽出 5 分钟的宝贵时间支持我们的工作！问卷旨在调查三栋镇木沥河沿岸居民对河段生态基础设施满意度及影响因素，从而为木沥河河段改造建设的相关规划提供科学参考。河段生态基础设施包含水体、河岸绿化等。问卷不会泄露您的个人信息，不需填姓名和手机号，衷心感谢您的合作！

（一）木沥河河段现状评价

1. 您觉得木沥河河水的颜色：

□非常不好 □不太好 □一般 □好 □非常好

2. 您觉得木沥河河水的气味：

□非常不好 □不太好 □一般 □好 □非常好

3. 您觉得木沥河暴雨积水的现象：

□非常严重 □比较严重 □一般 □不太严重 □几乎没有

4. 您觉得木沥河河流淤积现象：

□非常严重　□比较严重　□一般　□不太严重　□几乎没有

5. 您认为木沥河沿岸绿化率：

□非常不好　□不太好　□一般　□好　□非常好

6. 您认为木沥河沿岸植被种类的丰富度：

□非常不丰富　□不太丰富　□一般　□比较丰富　□非常丰富

7. 您认为木沥河沿岸绿化的管理状况（植被生长状况、植被干净整洁程度）：

□非常差　□较差　□一般　□较好　□非常好

8. 您认为木沥河沿岸植被带来的降温效果：

□非常不明显　□不太明显　□一般　□比较明显　□非常明显

9. 您认为木沥河的娱乐休闲设施：

□非常不好　□不太好　□一般　□好　□非常好

10. 您认为木沥河河岸的治安情况：

□非常不好　□不太好　□一般　□好　□非常好

11. 您认为木沥河河岸的环境卫生：

□非常不好　□不太好　□一般　□好　□非常好

12. 您认为木沥河周边的交通的便利性：

□非常不好　□不太好　□一般　□好　□非常好

13. 您认为木沥河河岸的环境是否有教育功能（环保、历史文化等）：

□非常不明显　□不太明显　□一般　□比较明显　□非常明显

14. 您到河岸休息娱乐的频率：

□几乎每天都去　□一周 2 ～ 3 次　□一周 1 次　□二周 2 次　□几乎不去

15. 您觉得在木沥河旁活动对缓解压力 / 焦虑的作用：

□非常不明显　□不太明显　□一般　□比较明显　□非常明显

16. 您觉得在木沥河旁活动对提高记忆力和注意力的作用：

□非常不明显　□不太明显　□一般　□比较明显　□非常明显

17. 您觉得在木沥河旁活动对减轻抑郁情绪的作用：

□非常不明显　□不太明显　□一般　□比较明显　□非常明显

18. 您觉得在木沥河旁活动是否让你更想与他人交流、合作？

□非常不明显　□不太明显　□一般　□比较明显　□非常明显

19. 您觉得在木沥河旁活动对增强幸福感的作用：

□非常不明显　□不太明显　□一般　□比较明显　□非常明显

20. 您对木沥河的水体、绿化的总体满意度：

□非常不满意　□不太满意　□一般　□满意　□非常满意

21. 您觉得普通居民有义务参与木沥河生态基础设施改造吗？

□有　□没有　□不知道

22. 假设政府打算全面改造整治木沥河生态基础设施，在3年内使木沥河环境优美宜人，您愿意为实现这一目标而支付一定的费用吗？

□愿意支付　□不愿意支付

23. 您不愿意支付的原因是（若上题选择“愿意支付”则不需要回答该题，若上题选择“不愿意支付”则回答此问题并跳过第24题）

____

24. 您家愿意为木沥河生态基础设施改造每年最多支付多少钱？（强调的是每户一年愿意付多少钱）

□ 10元　□ 20元　□ 30元　□ 40元　□ 50元　□ 60元　□ 70元

□ 80元　□ 90元　□ 100元　□ 120元　□ 140元　□ 160元　□ 180元

□ 200元　□ 300元　□ 400元　□ 500元　□其他：________元

（二）受访者资料

性别：□男　□女

年龄：___________

学历：□初中及以下　□高中及中专、大专　□大学本科　□硕士及以上

职业：□景观设计人员　□学生　□商饮服务业人员　□事业单位职工

□企业职工　□自由职业者　□无　□退休人员

家庭月收入：□< 5 000 元　□ 5 000 ～ 10 000 元　□ 1 万～ 2 万元

□ 2 万～ 3 万元　□ 3 万～ 5 万元　□> 5 万元

您的家庭成员数：___________

是否本地居民：□是　□不是

居住地与河岸的距离：□ 100 m 内　□ 100 ～ 200 m　□ 200 ～ 300 m

□ 300 ～ 400 m　□ 400 ～ 500 m　□ 500 ～ 1 000 m

□ 1 000 m 外

调查员：___________

调查地点：___________

调查时间：___________

附录 B

工程建设后木沥河沿岸生态基础设施景感满意度调查问卷

尊敬的女士 / 先生：

您好！我们是中国科学院城市环境研究所的研究生，我们正在进行一项关于木沥河河岸生态基础设施满意度的调查，问卷旨在了解您对木沥河沿河道路改造后的满意度状况，从而为改造建设的相关规划提供科学参考。我们承诺对问卷中个人信息绝对保密，调查结果仅用于学术研究，请您放心填答。

补充信息：①本次工程为木沥河沿河道路改造工程，主要有植草沟、渗透铺装、气象站 3 部分组成，具有一定的水质净化、径流调蓄、降温增湿、休憩娱乐等功能；②河岸改造前后图片见附图。

请您观察过木沥河工程前后河岸对比图后，请在您认为最符合的选项前打“√”。

A. 物理感知

1. 您认为工程改造后的周边空气湿度：

□非常干燥 □较干燥 □一般 □较湿润 □非常湿润

2. 您认为工程改造后的河岸边温度舒适度：

□非常不舒适 □较不舒适 □一般 □较舒适 □非常舒适

3. 您认为工程改造后的降尘作用：

□非常低 □较低 □一般 □较高 □非常高

4. 您认为工程改造后的空气清新度（汽车尾气和植物散发的清香等混合状况）：

□非常差 □较差 □一般 □较好 □非常好

5. 您认为工程改造后雨天路面积水状况（频率和积水量）：

□非常差 □较差 □一般 □很少 □几乎没有

6. 您对工程改造后的道路交通合理性满意度：

□非常不满意 □比较不满意 □一般 □比较满意 □非常满意

B. 审美认知

1. 您对工程改造后的河岸整体景观格局与配色设计的满意度：

□非常不满意 □比较不满意 □一般 □比较满意 □非常满意

2. 您对工程改造后的休憩（休息放松）设施满意度：

□非常不满意 □比较不满意 □一般 □比较满意 □非常满意

3. 您认为工程改造后的植被覆盖比例（绿化率）的满意度：

□非常不满意 □比较不满意 □一般 □较满意 □非常满意

4. 您认为工程改造后的植物种类丰富度的满意度：

□非常少 □ 较少 □一般 □较丰富 □非常丰富

C. 心理认知

1. 您在改造后的环境下休憩娱乐感到身心愉悦，放松释压：

□非常不同意　□比较不同意　□一般　□比较同意　□非常同意

2. 您在改造后的环境下与亲朋好友休憩娱乐会感觉温馨幸福：

□非常不同意　□比较不同意　□一般　□比较同意　□非常同意

3. 改造后的环境中散步，您会与亲朋好友交流谈论生态、环保、景观等相关话题：

□非常不同意　□比较不同意　□一般　□比较同意　□非常同意

4. 您在改造后的环境可以感受到当地文化特色：

□非常不同意　□比较不同意　□一般　□比较同意　□非常同意

D. 总体满意度评价与重要性排序

1. 您对改造后木沥河沿岸的总体满意度将会是：

□非常不满意　□不太满意　□一般　□满意　□非常满意

2. 此次改造的工程为河岸生态基础设施建设，具有生态、社会和经济效益。根据效果图，请您根据个人认知将下列列举的工程效益（已给出）按重要程度排序：

①观者身心放松　②休闲娱乐　③改善河岸生态环境

④视觉美观　⑤教育意义　⑥其他：＿＿＿＿＿

＿＿＿＿＿>＿＿＿＿＿>＿＿＿＿＿>＿＿＿＿＿>＿＿＿＿＿>＿＿＿＿＿

E. 支付意愿

1. 当前工程仅在木沥河部分沿线，若为全面改造木沥河周边环境，将该工程拓展至木沥河所有沿线，而工程改造需要资金支持，您愿意为实现这一目标支付一定的费用吗：

□愿意　□不愿意（选择该项则跳过第 3 题）

2. 您愿意为木沥河沿河道路（生态基础设施）全线工程改造支付多少钱？

□ 1 ～ 50 元　□ 51 ～ 100 元　□ 101 ～ 150 元　□ 151 ～ 200 元

□ 201 ～ 250 元　□ 251 ～ 300 元　□ 301 ～ 350 元　□ 351 ～ 400 元

□ 401 ～ 450 元　□ 451 元及以上　□其他：__________元

个人基本情况

您的性别：□男　□女

您的年龄：□ 18 岁以下　□ 18 ～ 45 岁　□ 46 ～ 60 岁　□ 61 岁及以上

您的学历：□初中及以下　□高中　□大专　□本科　□硕士及以上

您的月收入：□无收入　□< 5 000 元　□ 5 000 ～ 10 000 元　□ 1 万～ 2 万元

□ 2 万～ 3 万元　□ 3 万～ 5 万元　□> 5 万元

您的常住地：□三栋镇　□惠州市其他镇（__________镇）　□非惠州市

您在三栋镇的居住时间：□短暂停留　□半年以内　□ 1 ～ 3 年

□ 4 ～ 5 年　□ 5 年以上

您了解木沥河的位置吗：□完全不知道　□有些印象　□非常清楚

您在木沥河沿岸散步（经过）的频率：□几乎不去　□每月 1 ～ 3 次

□每周 1 ～ 3 次　□每天都去

感谢您抽出宝贵时间支持我们的工作，祝您生活愉快！

调查员：____________

调查时间：__________